U0227845

常见贸易濒危木材识别图鉴

殷亚方　何　拓　焦立超　姜笑梅　著

科学出版社
北　京

内 容 简 介

本书包括26种常见于国际贸易和可能涉及走私的濒危木材，通过简明文字和典型特征图片，分别对每个物种的树木分类、树木分布、树木形态特征、木材主要特征、木材鉴别要点、木制品类型、保护级别等进行了介绍，并列出了与其主要相似木材的区别要点。

本书可供林业、海关等木材贸易管理人员，以及从事木材科学研究、科普、教学、检验、鉴定、生产、贸易等工作的单位使用。

图书在版编目（CIP）数据

常见贸易濒危木材识别图鉴 / 殷亚方等著. —北京：科学出版社，2022.10

ISBN 978-7-03-070589-1

Ⅰ. ①常… Ⅱ. ①殷… Ⅲ. ①濒危植物–木材识别–图集 Ⅳ. ①S781.1-64

中国版本图书馆CIP数据核字(2021)第228677号

责任编辑：李秀伟 / 责任校对：郑金红
责任印制：肖 兴 / 书籍设计：北京美光设计制版有限公司

科 学 出 版 社 出版
北京东黄城根北街16号
邮政编码：100717
http://www.sciencep.com

北京汇瑞嘉合文化发展有限公司 印刷
科学出版社发行 各地新华书店经销
*
2022年10月第 一 版 开本：889 × 1194 1/32
2022年10月第一次印刷 印张：7 1/2
字数：230 000

定价：238.00元

（如有印装质量问题，我社负责调换）

著者单位

国家林业和草原局野生动植物保护司

中华人民共和国濒危物种进出口管理办公室

中国林业科学研究院木材工业研究所

主要著者

殷亚方　何　拓　焦立超　姜笑梅

其他著者

袁良琛　曾　岩　郭　娟　王　杰　陆　杨

李　仁　张永刚　鲁兆莉　马灵玉　郭　雨

黄晓珍　金　敖　郭　琳　李开凡　陈家宝

刘守佳　陈志晖　汪嘉君　陈　鸿　陈健全

孟秋露　尹丽娟

我国是《濒危野生动植物种国际贸易公约》（CITES）的缔约国，也是木材及其产品的进口、加工和消费大国。近年来，以 CITES 附录所列物种为代表的热带木材贸易管制已经成为全球关注的热点问题。目前，CITES 已经将分属 20 科 32 属超过 520 种树木物种列入附录，并且不断将其管制范围向各种热带木材树种延伸，努力与其他有关国际组织协调与合作，以进一步加强木材国际贸易管理。随着我国经济的持续增长，对木材的需求呈现出快速发展的态势，我国已经成为全世界最大的热带木材进口国。在这样的背景下，我国的木材贸易，特别是以 CITES 管制树种为代表的热带木材进口贸易受到国际社会的广泛关注。因此，加强木材进出口监管已经成为当前和今后相当长一段时期内我国履约工作面临的严峻挑战。

我国政府一直认真履行 CITES，坚决打击木材非法采伐及其相关贸易，并始终采取比 CITES 更为严格的国内管理措施，加强对进口濒危木材的贸易管理，以确保来源的合法性。为了更好履行 CITES，加强进出口环节的执法和管理，方便口岸海关和执法部门的查验监督工作，我们组织撰写了《常见贸易濒危木材识别图鉴》一书。

本书针对常见于国际贸易中的26种濒危树木物种，通过简明文字和典型图片，对树木分类、树木分布、树木形态特征、木材主要特征、木材鉴别要点、木制品类型、保护级别等进行了介绍，并列出了与其主要相似木材的区别要点。本书内容科学准确、图文并茂，便于查阅，适合查验现场使用。同时，也可用于执法培训、宣传教育和科学普及等方面。我们希望本书对加强濒危木材进出口管理、强化执法监督发挥积极作用，同时也为木材进出口监管、木材科学知识公众传播提供重要参考。

本书中部分照片拍摄自美国林产品实验室（Forest Products Laboratory, USDA）、新加坡植物园（Singapore Botanic Gardens）和中国林业科学研究院热带林业实验中心，在此一并致谢。

由于作者水平有限，疏漏之处在所难免，敬请读者批评指正。

作 者

2021年12月

目 录
Contents

概 述

1 目的与意义

随着全球森林资源贸易量剧增，树木物种已成为《濒危野生动植物种国际贸易公约》（*Convention on International Trade in Endangered Species of Wild Fauna and Flora*，CITES）关注的焦点。而我国作为全球主要的木材进口国及木制品加工与消费国之一，面临的履约压力与挑战与日俱增。对木材进行准确鉴别和判定具有重要的现实意义，只有正确地识别木材，才能合理地保护和利用木材。因此，快捷、准确的木材树种鉴别技术对于广大从事木材商贸活动各个环节的木材生产加工、经营、海关和木材检测、科研教学等工作的人员来说是非常必要的。

《常见贸易濒危木材识别图鉴》的出版，将有助于开展 CITES 管制树种的木材鉴别执法培训，加强濒危树种木材贸易监管，以提高我国履行 CITES 的能力，同时有助于濒危木材科学知识及其保护理念的公众教育和传播。

2 濒危木材简介

濒危木材，一般是指被列入 CITES 附录树木物种的木材。CITES 将管制物种列入 3 个不同级别的附录，并通过许可证制度约束其贸易活动，达到保护物种的目的。其中，列入附录Ⅰ的物种禁止商业性国际贸易；列入附录Ⅱ的物种须有进出口许可证或者再出口证明书，方可进行国际贸易；列入附录Ⅲ的物种须有缔约国（成员国）出具的进出口许可证和原产地证明，才可进行国际贸易。

CITES于1973年3月在美国华盛顿缔结，1975年7月1日正式生效，目前有184个缔约方。我国于1981年正式加入CITES，并于1995年在国家林业和草原局（原林业部）设立了中华人民共和国濒危物种进出口管理办公室（简称国家濒管办），代表中国政府履行CITES，并依照《中华人民共和国濒危野生动植物进出口管理条例》核发允许进出口证明书。CITES通过制定濒危物种附录、要求各缔约方实施许可证制度控制这些物种及其产品的国际贸易、促进国家履约立法、推动打击非法贸易、对违约方实施制裁等措施，将保护野生动植物与控制其贸易有机地结合起来，以达到保护野生动植物资源和实现可持续发展的目的。

2010年之前，列入CITES附录的树木物种数量较少。但自2010年第15届缔约方大会以来，列入附录的树木物种数量快速增加（表1）。增加的树种以黄檀属（*Dalbergia*）、紫檀属（*Pterocarpus*）、柿属（*Diospyros*）、古夷苏木属（*Guibourtia*）和洋椿属（*Cedrela*）等热带树种为主。根据近10年CITES缔约方大会发展趋势，CITES管制范围不断向树木物种特别是热带树木物种延伸。截至2021年12月，CITES公约管制的树木物种超过520种，其中，附录Ⅰ计7属共7种，附录Ⅱ计21属约506种，附录Ⅲ计5属7种（表2）。

表 1　第 15~18 届 CITES 缔约方大会的树木物种管制情况

年份 大会	管制树种总数	CITES 管制附录		
		附录 I	附录 II	附录 III
2010 年 第 15 届	112	7	95 种。 新增：玫香安尼樟； 由附录 Ⅲ 升列附录 Ⅱ：萨米维腊木	10
2013 年 第 16 届	248	7	232 种。 新增：交趾黄檀、中美洲黄檀、非洲沙针，以及马达加斯加种群的 48 种黄檀属与 84 种柿属； 由附录 Ⅲ 升列附录 Ⅱ：微凹黄檀、伯利兹黄檀	9
2016 年 第 17 届	504	7	约 487 种。 新增：黄檀属（约 249 种）、特氏古夷苏木、德米古夷苏木、佩莱古夷苏木、格氏猴面包树； 由附录 Ⅲ 升列附录 Ⅱ：刺猬紫檀、危地马拉黄檀、达连黄檀	10
2019 年 第 18 届	超过 520	7	约 506 种。 新增：染料紫檀、14 种洋椿属、姆兰杰南非柏； 由附录 Ⅲ 升列附录 Ⅱ：劈裂洋椿、阿根廷洋椿、香洋椿	7

表 2　CITES 附录管制树木物种名录（截至 2021 年 12 月）

科	属 / 种	拉丁学名	管制等级
南洋杉科 Araucariaceae	**1 种**		
	智利南洋杉	*Araucaria araucana*	Ⅰ
柏科 Cupressaceae	**3 种**		
	智利肖柏	*Fitzroya cupressoides*	Ⅰ
	皮尔格柏	*Pilgerodendron uviferum*	Ⅰ
	姆兰杰南非柏	*Widdringtonia whytei*	Ⅱ
松科 Pinaceae	**2 种**		
	危地马拉冷杉	*Abies guatemalensis*	Ⅰ
	红松（俄罗斯）	*Pinus koraiensis*	Ⅲ

续表

科	属 / 种	拉丁学名	管制等级
罗汉松科 Podocarpaceae	**2 种**		
	百日青（尼泊尔）	*Podocarpus neriifolius*	Ⅲ
	弯叶罗汉松	*Podocarpus parlatorei*	Ⅰ
紫杉科（红豆杉科）Taxaceae	**5 种**		
	红豆杉	*Taxus chinensis*	Ⅱ
	东北红豆杉	*Taxus cuspidata*	Ⅱ
	密叶红豆杉	*Taxus fuana*	Ⅱ
	苏门答腊红豆杉	*Taxus sumatrana*	Ⅱ
	喜马拉雅红豆杉	*Taxus wallichiana*	Ⅱ
多柱树科 Caryocaraceae	**1 种**		
	多柱树	*Caryocar costaricense*	Ⅱ
柿树科 Ebenaceae	**84 种**		
	柿属所有种（马达加斯加种群）	*Diospyros* spp.	Ⅱ
壳斗科 Fagaceae	**1 种**		
	蒙古栎（俄罗斯）	*Quercus mongolica*	Ⅲ
胡桃科 Juglandaceae	**1 种**		
	枫桃	*Oreomunnea pterocarpa*	Ⅱ
樟科 Lauraceae	**1 种**		
	玫香安尼樟	*Aniba rosaeodora*	Ⅱ
豆科 Leguminosae	**约 314 种**		
	巴西苏木	*Paubrasilia echinata*	Ⅱ
	巴西黑黄檀	*Dalbergia nigra*	Ⅰ
	黄檀属所有种（巴西黑黄檀除外）	*Dalbergia* spp.	Ⅱ
	巴拿马天蓬树(哥斯达黎加、尼加拉瓜)	*Dipteryx panamensis*	Ⅲ
	德米古夷苏木	*Guibourtia demeusei*	Ⅱ
	佩莱古夷苏木	*Guibourtia pellegriniana*	Ⅱ
	特氏古夷苏木	*Guibourtia tessmannii*	Ⅱ
	大美木豆	*Pericopsis elata*	Ⅱ
	多穗阔变豆	*Platymiscium parviflorum*	Ⅱ
	刺猬紫檀	*Pterocarpus erinaceus*	Ⅱ
	檀香紫檀	*Pterocarpus santalinus*	Ⅱ
	染料紫檀	*Pterocarpus tinctorius*	Ⅱ

续表

科	属／种	拉丁学名	管制等级
木兰科 Magnoliaceae	**1 种**		
	盖裂木（尼泊尔）	*Magnolia liliifera* var. *obovata*	Ⅲ
楝科 Meliaceae	**20 种**		
	洋椿属（新热带种群）	*Cedrela* spp.	Ⅱ
	矮桃花心木	*Swietenia humilis*	Ⅱ
	大叶桃花心木（新热带种群）	*Swietenia macrophylla*	Ⅱ
	桃花心木	*Swietenia mahagoni*	Ⅱ
木犀科 Oleaceae	**1 种**		
	水曲柳（俄罗斯）	*Fraxinus mandshurica*	Ⅲ
蔷薇科 Rosaceae	**1 种**		
	非洲李	*Prunus africana*	Ⅱ
茜草科 Rubiaceae	**1 种**		
	巴尔米木	*Balmea stormiae*	Ⅰ
檀香科 Santalaceae	**1 种**		
	非洲沙针（布隆迪、埃塞俄比亚、肯尼亚、卢旺达、乌干达和坦桑尼亚联合共和国种群）	*Osyris lanceolata*	Ⅱ
瑞香科 Thymelaeaceae	**73 种**		
	沉香属所有种	*Aquilaria* spp.	Ⅱ
	棱柱木属所有种	*Gonystylus* spp.	Ⅱ
	拟沉香属所有种	*Gyrinops* spp.	Ⅱ
水青树科 Trochodendraceae	**1 种**		
	水青树（尼泊尔）	*Tetracentron sinense*	Ⅲ
蒺藜科 Zygophyllaceae	**6 种**		
	萨米维腊木	*Bulnesia sarmientoi*	Ⅱ
	愈疮木属所有种	*Guaiacum* spp.	Ⅱ

使用说明

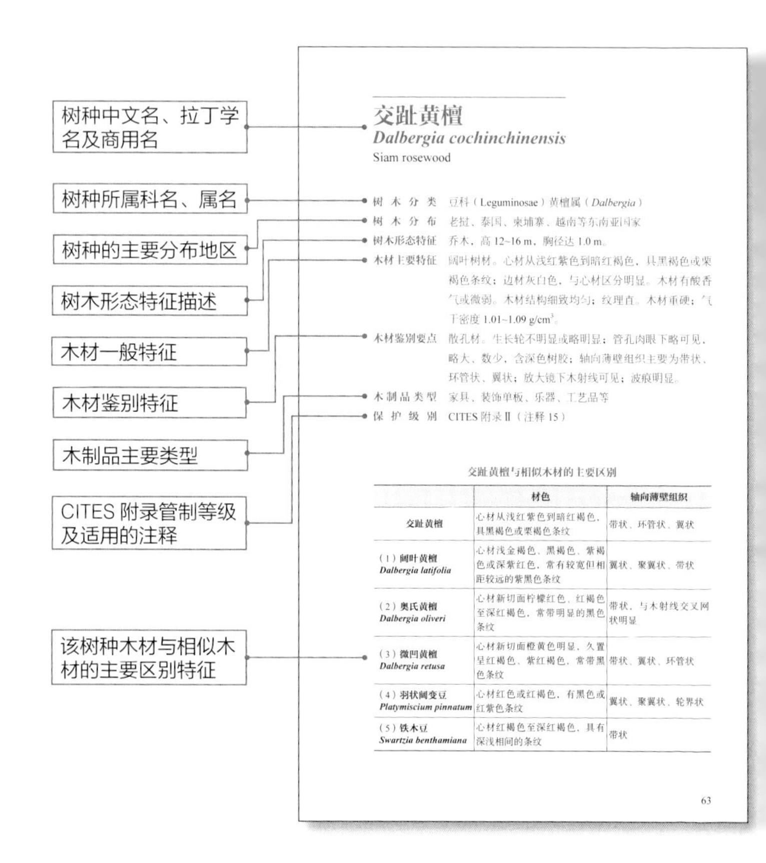

交趾黄檀

Dalbergia cochinchinensis

Siam rosewood

树木分类　豆科（Leguminosae）黄檀属（*Dalbergia*）

树木分布　老挝、泰国、柬埔寨、越南等东南亚国家

树木形态特征　乔木，高 12~16 m，胸径达 1.0 m。

木材主要特征　阔叶树材。心材从浅红紫色到暗红褐色，具黑褐色或栗褐色条纹；边材灰白色，与心材区分明显。木材有酸香气或微弱。木材结构细致均匀；纹理直。木材重硬；气干密度 1.01~1.09 g/cm³。

木材鉴别要点　散孔材。生长轮不明显或略明显；管孔肉眼下略可见，略大、数少，含深色树胶；轴向薄壁组织主要为带状、环管状、翼状；放大镜下木射线可见；波痕明显。

木制品类型　家具、装饰单板、乐器、工艺品等

保护级别　CITES 附录Ⅱ（注释 15）

交趾黄檀与相似木材的主要区别

	材色	轴向薄壁组织
交趾黄檀	心材从浅红紫色到暗红褐色，具黑褐色或栗褐色条纹	带状、环管状、翼状
（1）阔叶黄檀 *Dalbergia latifolia*	心材浅金褐色、黑褐色、紫褐色或深紫红色，常有较宽但相距较远的紫黑色条纹	翼状、聚翼状、带状
（2）奥氏黄檀 *Dalbergia oliveri*	心材新切面柠檬红色、红褐色至深红褐色，常带明显的黑色条纹	带状，与木射线交叉网状明显
（3）微凹黄檀 *Dalbergia retusa*	心材新切面橙黄色明显，久置呈红褐色、紫红褐色，常带黑色条纹	带状、翼状、环管状
（4）羽状阔变豆 *Platymiscium pinnatum*	心材红色或红褐色，有黑色或红紫色条纹	翼状、聚翼状、轮界状
（5）铁木豆 *Swartzia benthamiana*	心材红褐色至深红褐色，具有深浅相间的条纹	带状

63

树木形态图片

该树种原木图片

该树种木制品图片

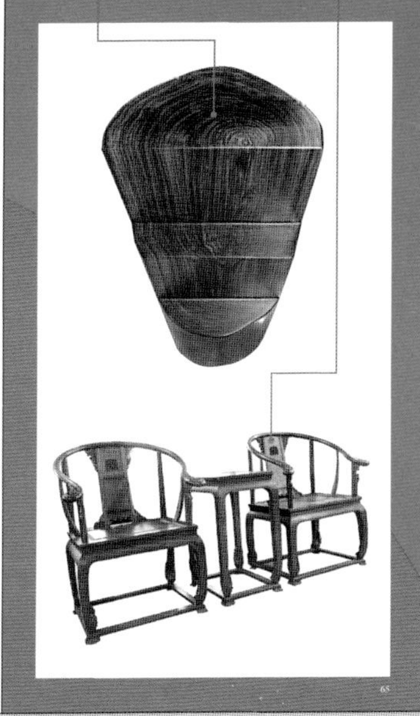

该树种木材图片，纵切面

该树种木材实体显微镜图片，横切面

相似木材图片，纵切面

相似木材实体显微镜图片，横切面

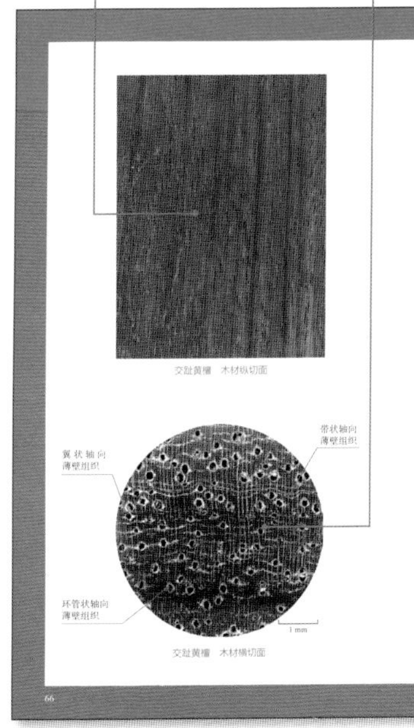

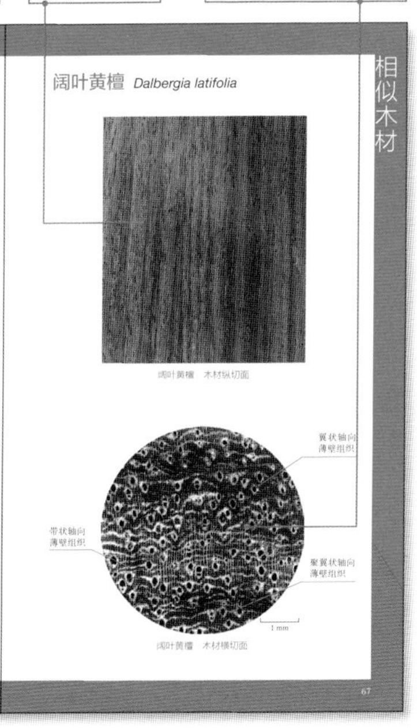

木材鉴别基础知识

1 木材基本知识

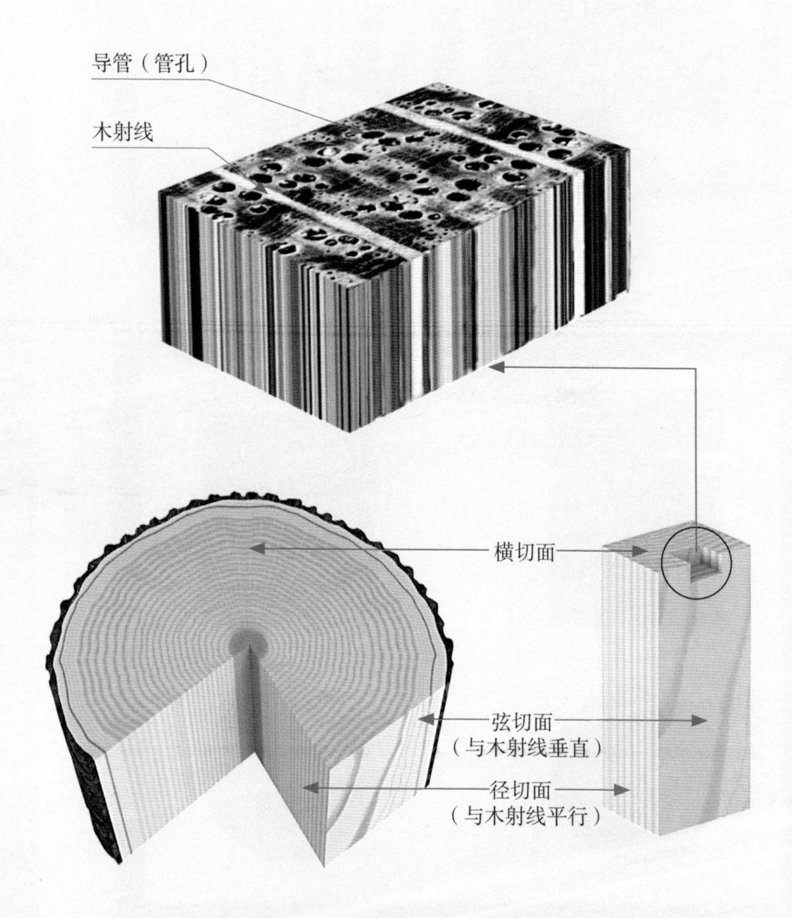

（1）无孔材 / 有孔材

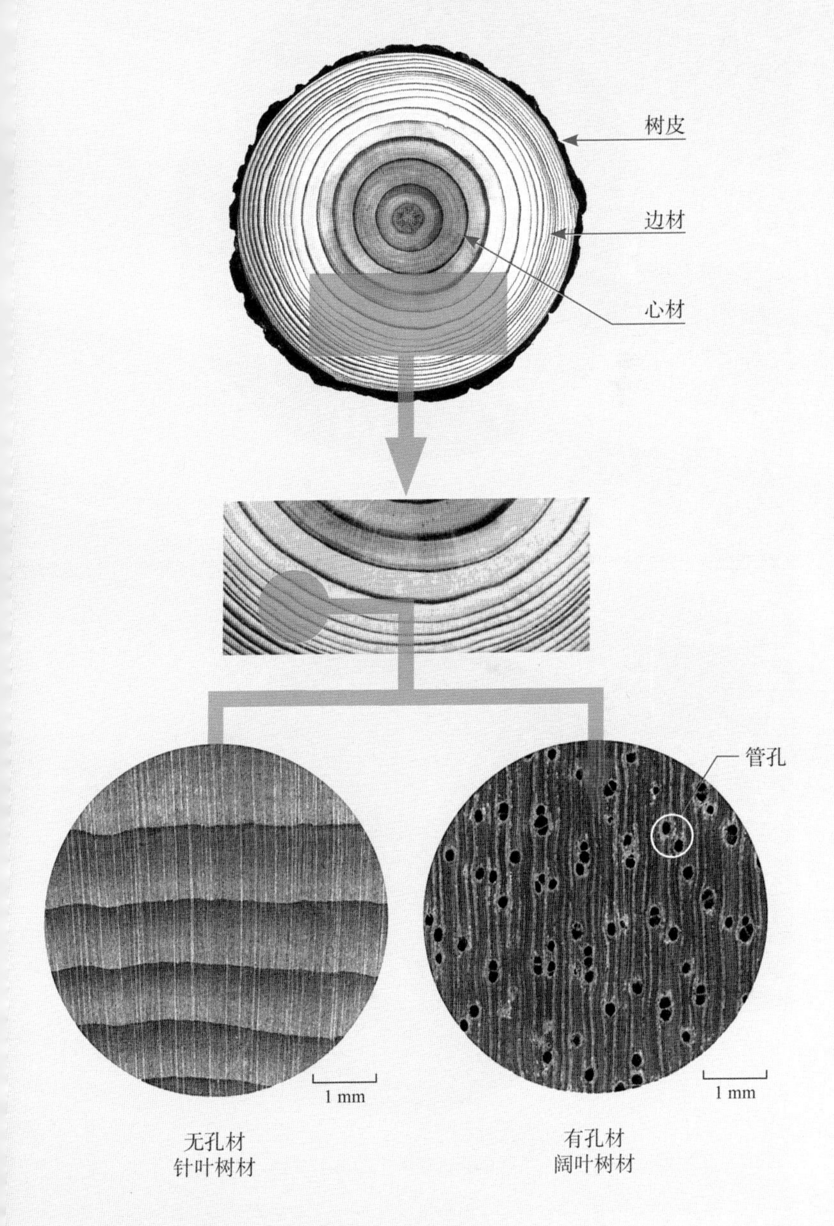

无孔材
针叶树材

有孔材
阔叶树材

（2）环孔材 / 散孔材

1) 环孔材

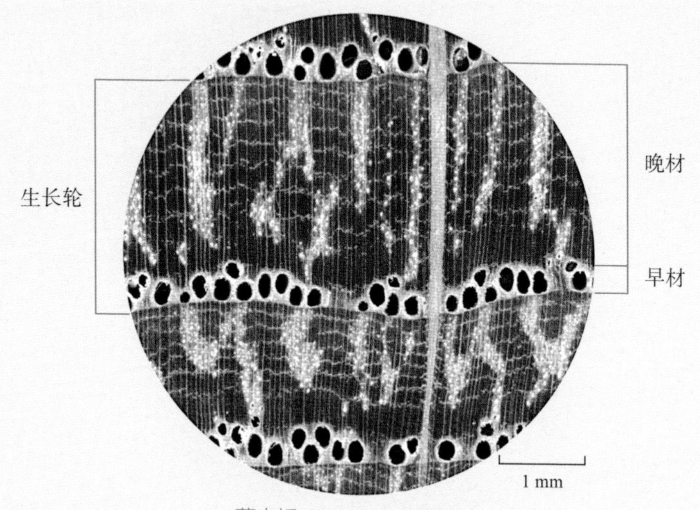

蒙古栎 *Quercus mongolica*
早材管孔大于晚材管孔

2) 散孔材

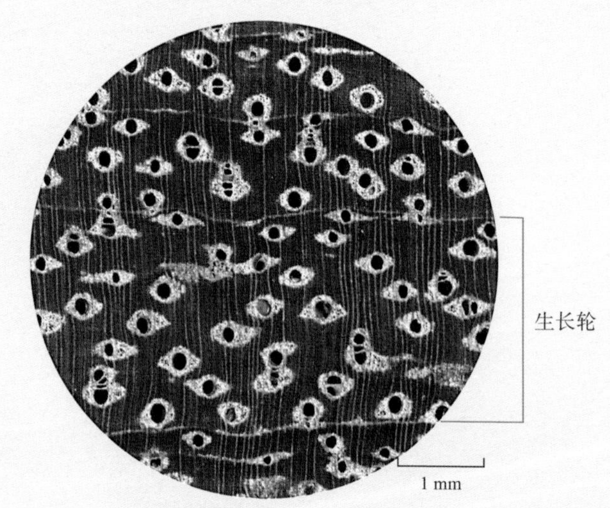

羽状阔变豆 *Platymiscium pinnatum*
早材与晚材管孔大小基本一致

2 导管

（1）单管孔

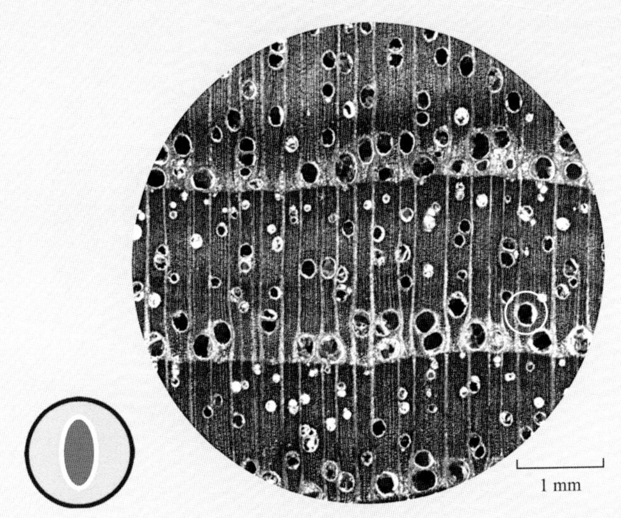

柚木 *Tectona grandis*
管孔单独排列

（2）径列复管孔

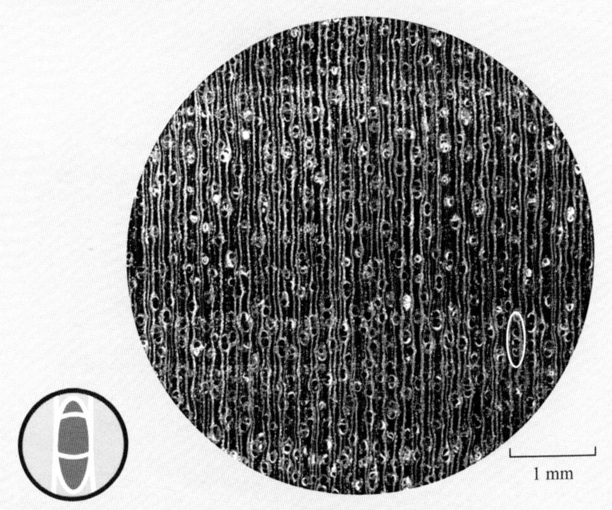

可乐豆 *Colophospermum mopane*
多个管孔呈径向排列

（3）导管排列

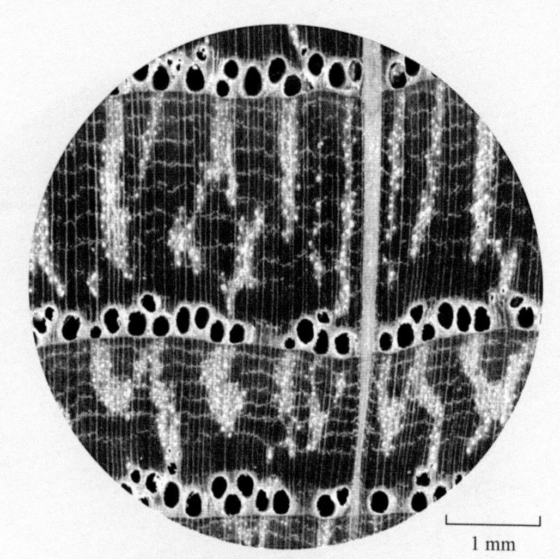

蒙古栎 *Quercus mongolica*

晚材带火焰状径向排列

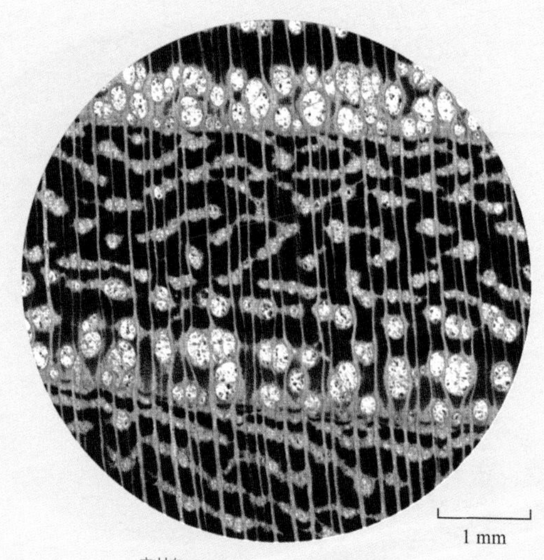

刺槐 *Robinia pseudoacacia*

晚材带弦向带状排列

3 轴向薄壁组织

（1）轮界状薄壁组织

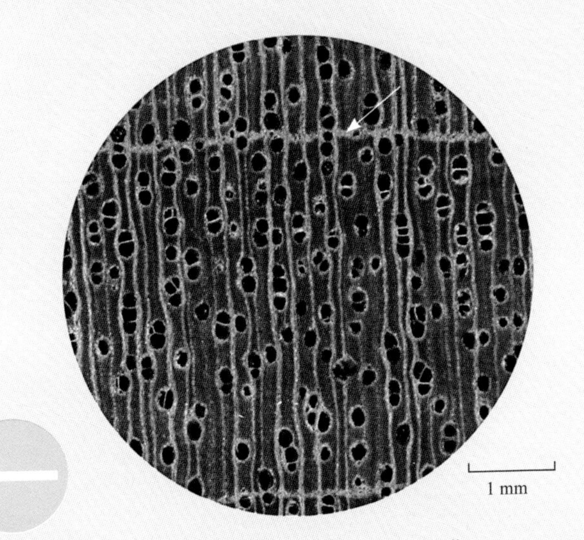

大叶桃花心木 *Swietenia macrophylla*
在生长轮界始端或末端

（2） 带状薄壁组织

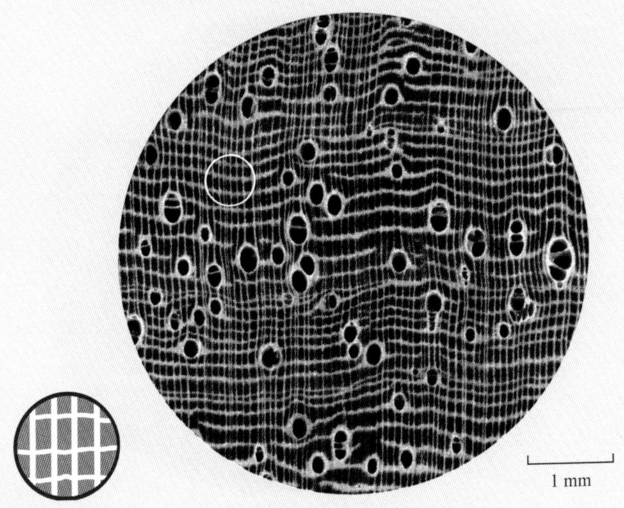

奥氏黄檀 *Dalbergia oliveri*
在生长轮内形成带状（水平排列）

（3）环管状薄壁组织

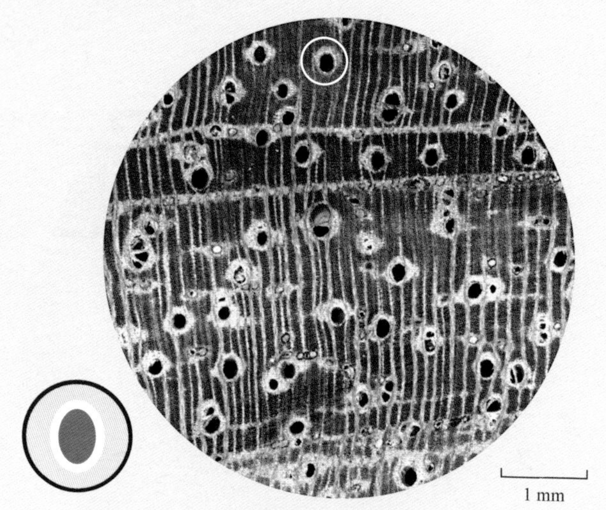

奥氏西非苏木 *Daniellia oliveri*
与导管接触，环绕在导管周围

（4）翼状薄壁组织

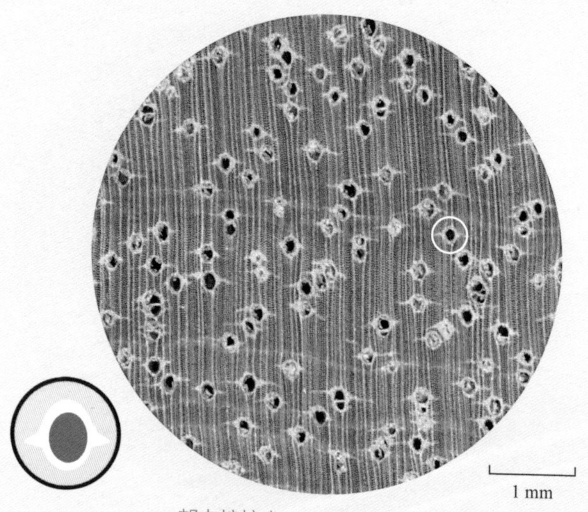

邦卡棱柱木 *Gonystylus bancanus*
以导管为中心，在弦向呈翼状

（5）菱形翼状薄壁组织

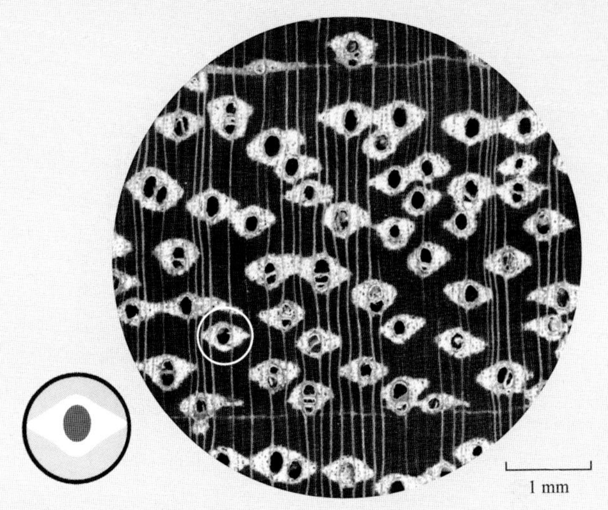

非洲缅茄 *Afzelia africana*
翼状呈菱形

（6）聚翼状薄壁组织

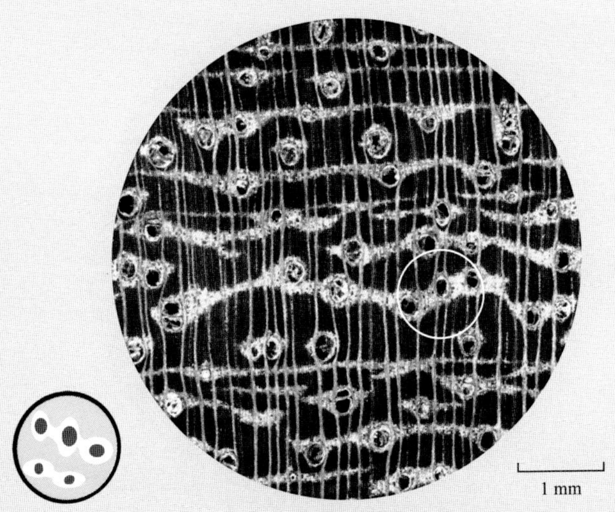

大绿柄桑 *Chlorophora excelsa*
翼状薄壁组织连成弦向带状

4 木射线

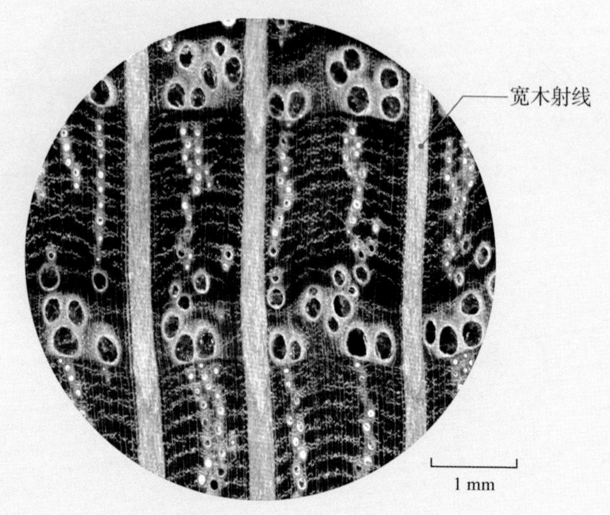

麻栎 *Quercus acutissima*
宽木射线

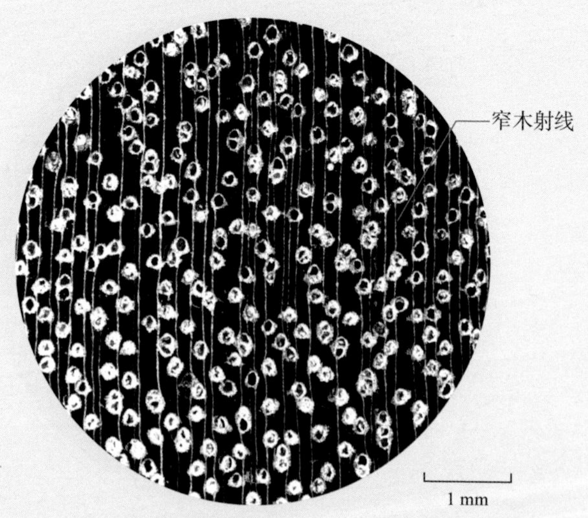

绿心樟 *Chlorocardium rodiei*
窄木射线

5 叠生木射线

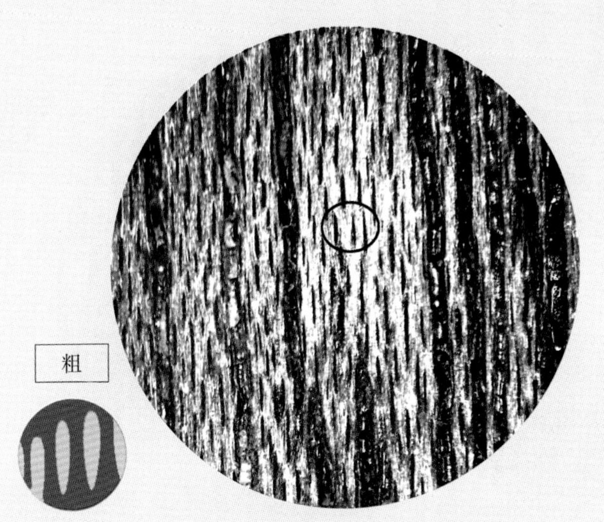

大叶桃花心木 *Swietenia macrophylla*

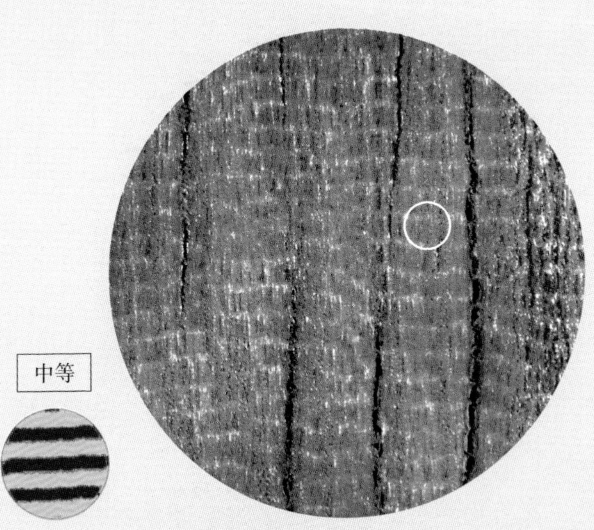

越南摘亚木 *Dialium cochinchinense*

萨米维腊木 *Bulnesia sarmientoi*

叠　生：在弦切面，木射线从一侧到另一侧水平均匀排列成行，有时肉眼下可见。

可分为：粗——每毫米不超过 2 行

中等——每毫米 3~6 行

细——每毫米 6 行以上

6 内含物

管孔内含树胶

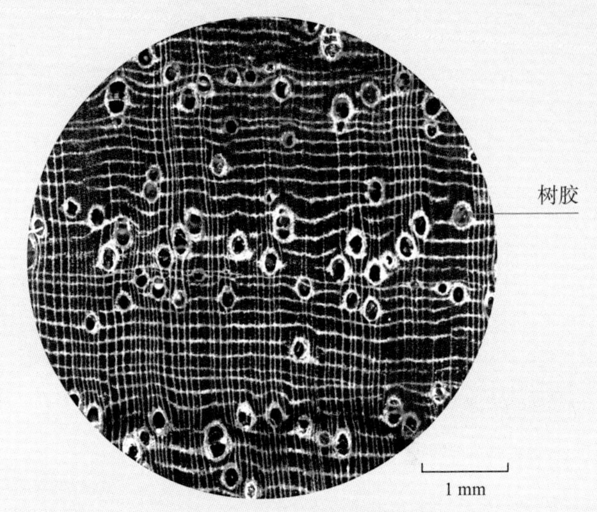

奥氏黄檀 *Dalbergia oliveri*

7 气味

采用新切面确定木材的天然气味

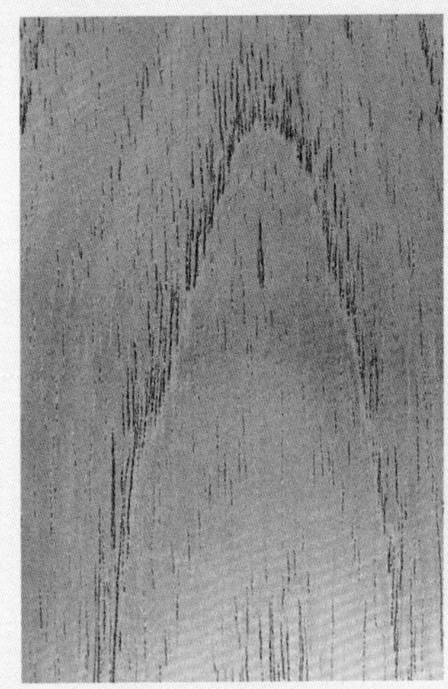

香洋椿 *Cedrela odorata*
具有独特的柏木香气

萨米维腊木 *Bulnesia sarmientoi*
具有水果香气

8 硬度

指甲易在木材表面留下痕迹 较软
指甲不易在木材表面留下痕迹 较硬

9 木材宏观鉴别步骤

（1）准备木材样品

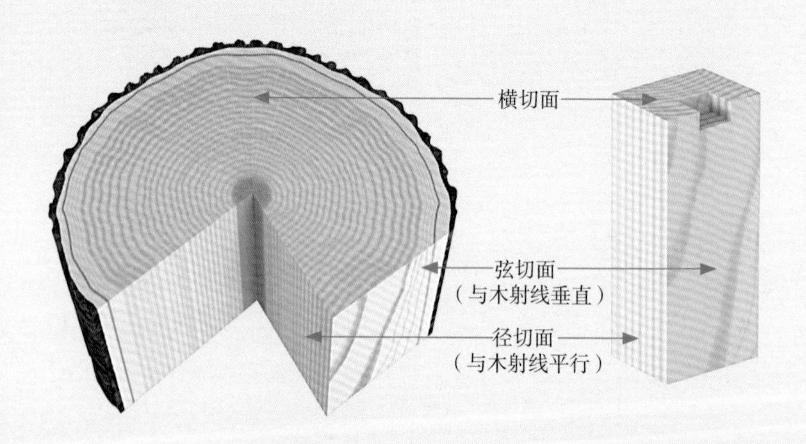

（2）用锋利刀片削出一块光滑的横切面

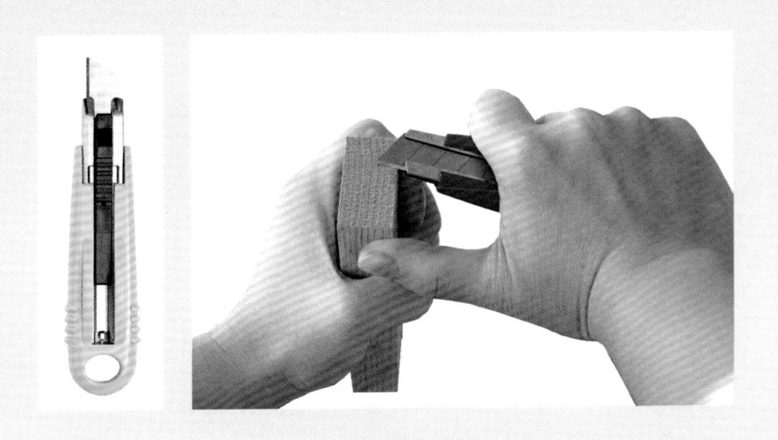

（3）用手持放大镜观察削过的横切面

（4）确认有无管孔

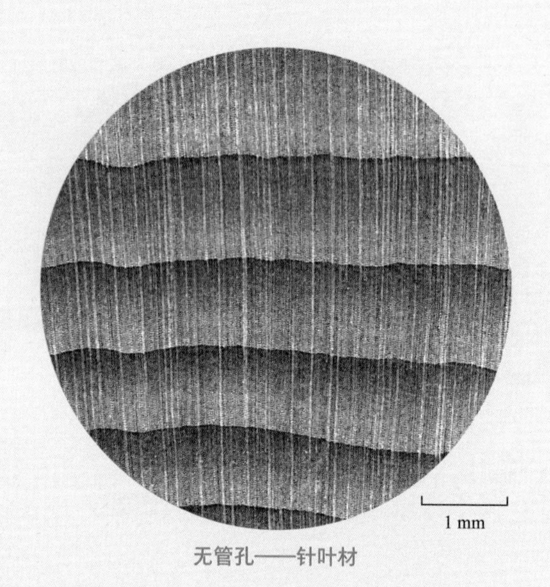

无管孔——针叶材

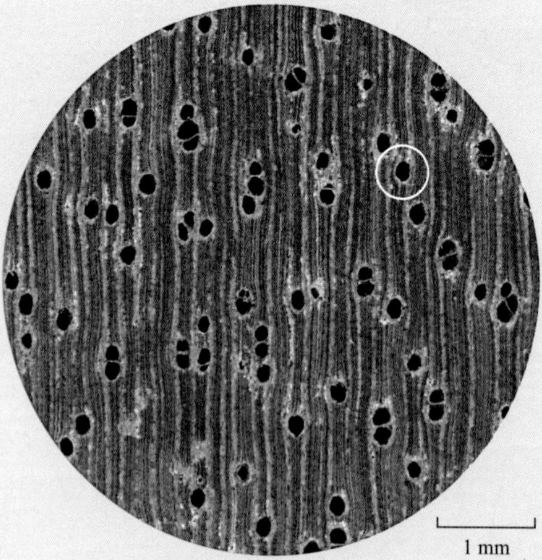

1 mm

有管孔——阔叶材

（5）确认轴向薄壁组织类型

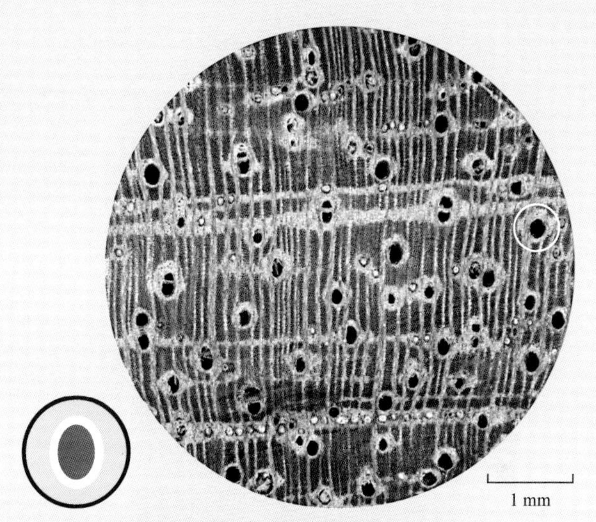

环管状薄壁组织

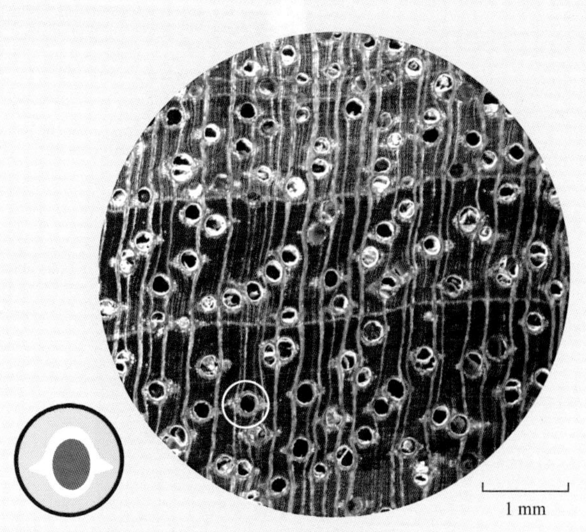

翼状薄壁组织

（6）用锋利刀片削出一块光滑的弦切面

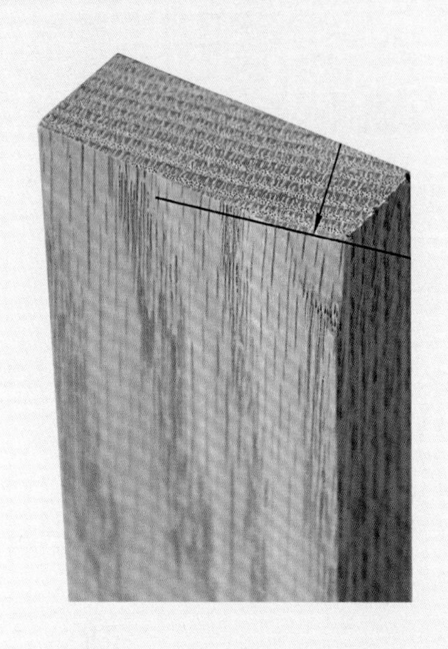

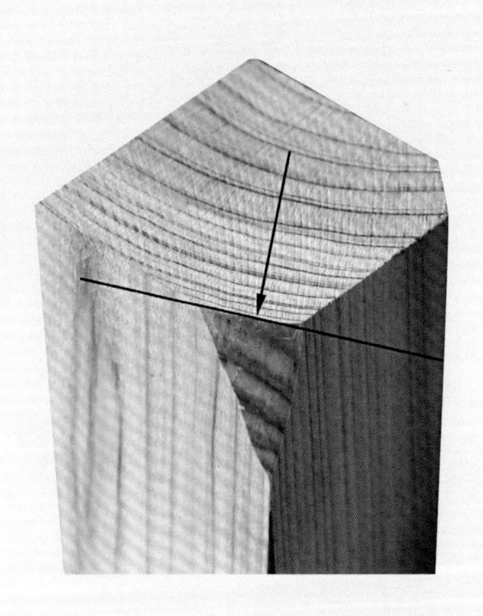

（7）确认有无叠生木射线

（8）参照各树种木材的主要特征描述，确定树种

红松
Pinus koraiensis

红豆杉
Taxus chinensis

土沉香
Aquilaria sinensis

中美洲黄檀
Dalbergia granadillo

阔叶黄檀
Dalbergia latifolia

卢氏黑黄檀
Dalbergia louvelii

伯利兹黄檀
Dalbergia stevensonii

水曲柳
Fraxinus mandshurica

邦卡棱柱木
Gonystylus bancanus

巴西苏木
Paubrasilia echinata

大美木豆
Pericopsis elata

刺猬紫檀
Pterocarpus erinaceus

大叶桃花心木
Swietenia macrophylla

桃花心木
Swietenia mahagoni

香洋椿
Cedrela odorata

交趾黄檀
Dalbergia cochinchinensis

东非黑黄檀
Dalbergia melanoxylon

奥氏黄檀
Dalbergia oliveri

微凹黄檀
Dalbergia retusa

神圣愈疮木
Guaiacum sanctum

德米古夷苏木
Guibourtia demeusei

特氏古夷苏木
Guibourtia tessmannii

檀香紫檀
Pterocarpus santalinus

染料紫檀
Pterocarpus tinctorius

蒙古栎
Quercus mongolica

红松
Pinus koraiensis
Korean pine

树 木 分 类 松科（Pinaceae）松属（*Pinus*）

树 木 分 布 中国（东北）、俄罗斯、朝鲜、日本等

树木形态特征 乔木，高达 50 m，胸径达 1 m。幼树树皮灰褐色，近平滑；大树树皮灰褐色或灰色，纵裂成不规则长方形的鳞状块片脱落，内皮红褐色。

木材主要特征 针叶树材。边材浅黄褐色至黄褐色带红，与心材区别明显；心材红褐色，间或浅红褐色，久则转深。木材有光泽；松脂气味较浓；无特殊滋味。木材结构中等，均匀。木材轻而软，强度低或中等；气干密度约 0.44 g/cm^3。

木材鉴别要点 生长轮略明显，轮间晚材带色略深，早材带占全轮宽度大部分，早材至晚材渐变。放大镜下管胞略明显，轴向薄壁组织未见；木射线稀至中、极细、明显，有轴向及径向树脂道。

木制品类型 原木、家具和板材等

保 护 级 别 CITES 附录Ⅲ（俄罗斯种群，注释 5）

红松与相似木材的主要区别

	材色	早晚材
红松	边材浅黄褐色至黄褐色带红，与心材区别明显；心材红褐色，间或浅红褐色，久则转深	渐变
（1）**华山松** ***Pinus armandii***	边材黄白色或浅黄褐色，与心材区别明显；心材红褐色或浅红褐色	渐变
（2）**欧洲赤松** ***Pinus sylvestris***	边材黄白色或浅黄褐色，与心材区别略明显；心材红褐色或红褐色略黄	急变
（3）**樟子松** ***Pinus sylvestris* var. *mongolica***	边材浅黄褐色，与心材区别明显；心材红褐色	略急变至急变
（4）**油松** ***Pinus tabuliformis***	边材浅黄褐色，与心材区别明显；心材红褐色或浅红褐色	急变或略急变

红松　木材纵切面

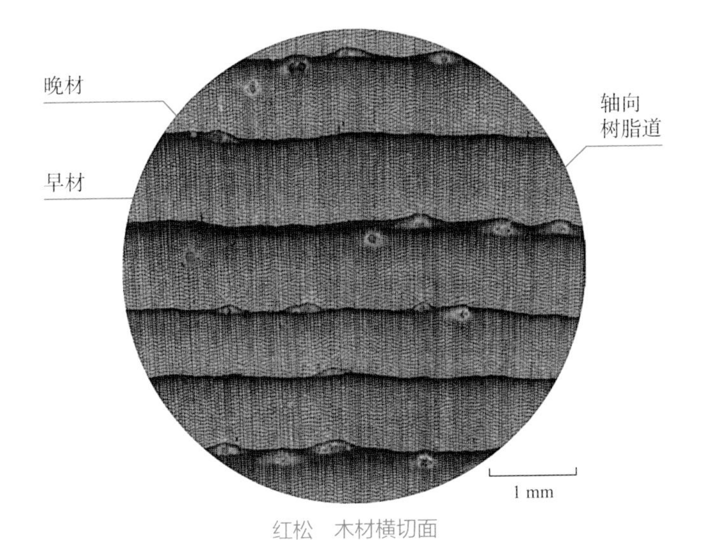

红松　木材横切面

华山松 *Pinus armandii*

华山松　木材纵切面

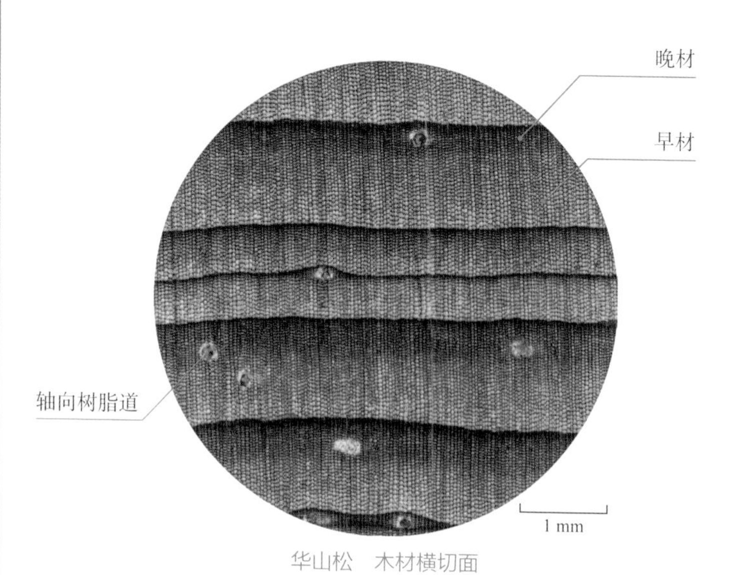

华山松　木材横切面

欧洲赤松 *Pinus sylvestris*

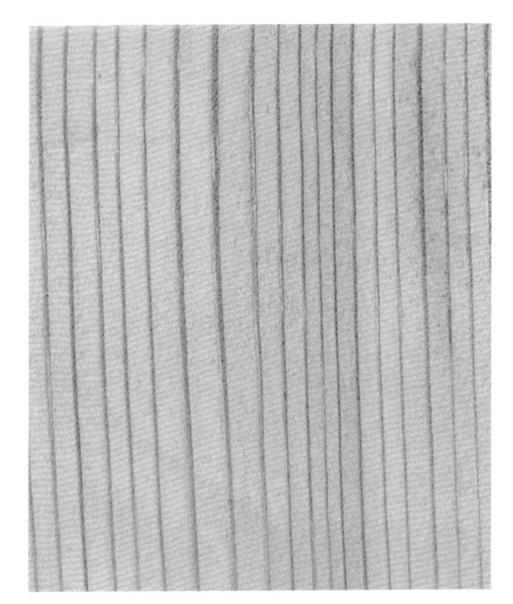

欧洲赤松　木材纵切面

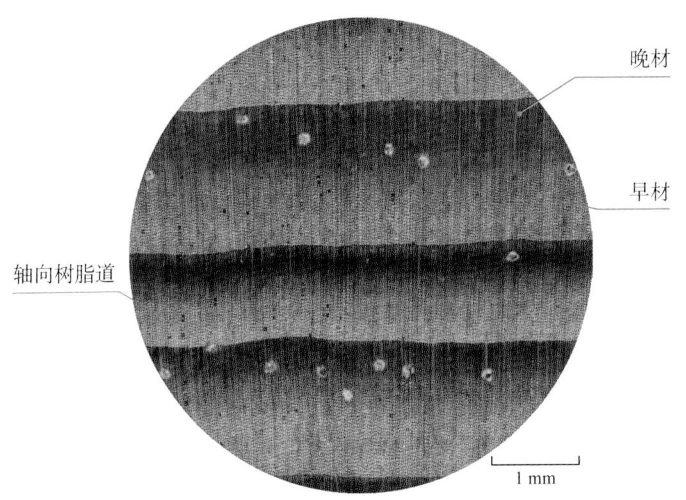

欧洲赤松　木材横切面

樟子松 *Pinus sylvestris* var. *mongolica*

樟子松　木材纵切面

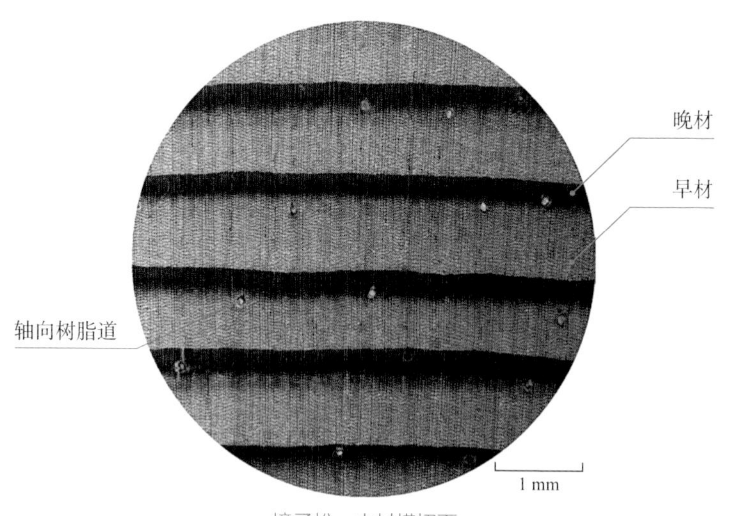

樟子松　木材横切面

油松 *Pinus tabuliformis*

油松　木材纵切面

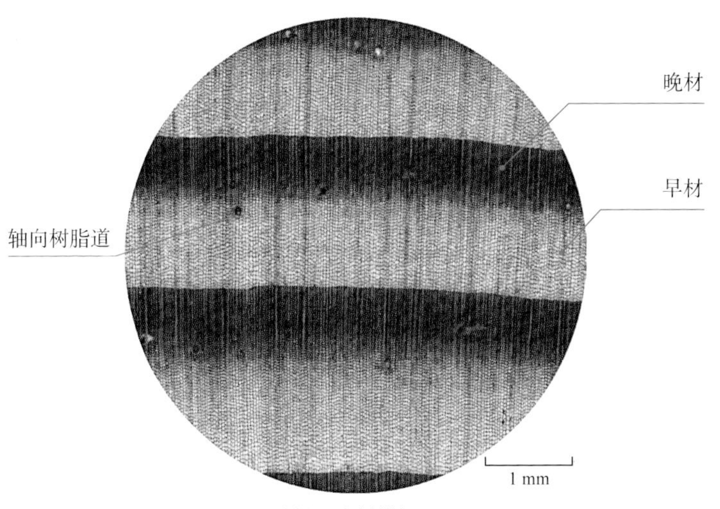

油松　木材横切面

红豆杉
Taxus chinensis
Chinese yew

树 木 分 类 红豆杉科（Taxaceae）红豆杉属（*Taxus*）

树 木 分 布 北半球的温带至亚热带地区

树木形态特征 乔木，高达 20 m，胸径达 1 m。树皮灰褐色或红褐色，条片状剥落。

木材主要特征 针叶树材。边材黄白色或浅黄色，与心材区别甚明显；心材橘黄红色至玫瑰红色，久置深红褐色。木材具光泽；无特殊气味和滋味。木材结构细致、均匀；纹理直或略斜。木材硬度中等；气干密度 0.62~0.76 g/cm^3。

木材鉴别要点 生长轮明显，轮间晚材带色深，早材带宽，晚材带极窄，早材至晚材渐变；放大镜下轴向薄壁组织未见；木射线密度中，细，明显。

木制品类型 工艺品等

保 护 级 别 CITES 附录Ⅱ（注释 2）

红豆杉与相似木材的主要区别

	材色	气味
红豆杉	边材黄白色或浅黄色，与心材区别甚明显；心材橘黄红色至玫瑰红色	无
（1）三尖杉 *Cephalotaxus fortunei*	边材浅黄褐色，心边材区别不明显	无
（2）柏木 *Cupressus funebris*	边材黄白色或浅黄褐色，与心材区别略明显；心材黄褐色或红褐色	具柏木香气
（3）白豆杉 *Pseudotaxus chienii*	边材黄白色或浅黄色，与心材区别明显；心材浅黄褐色至黄褐色	无
（4）榧树 *Torreya grandis*	边材黄白色，与心材区别明显或略明显；心材浅黄色或黄褐色	略具难闻气味（似药味）

红豆杉　木材纵切面

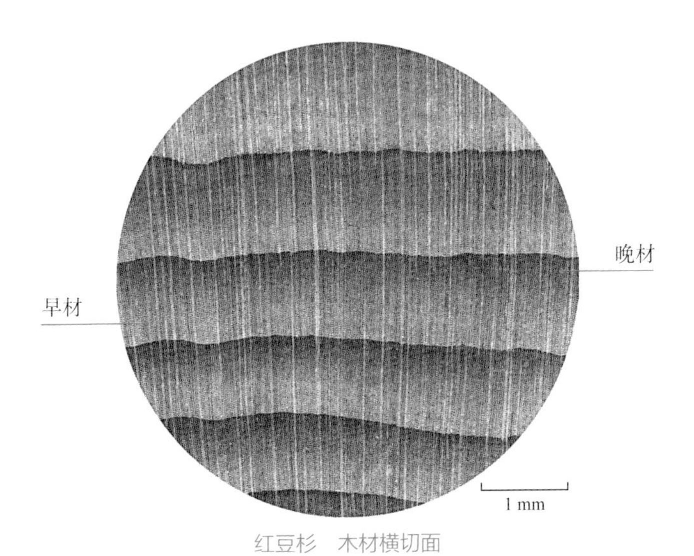

红豆杉　木材横切面

三尖杉 *Cephalotaxus fortunei*

三尖杉　木材纵切面

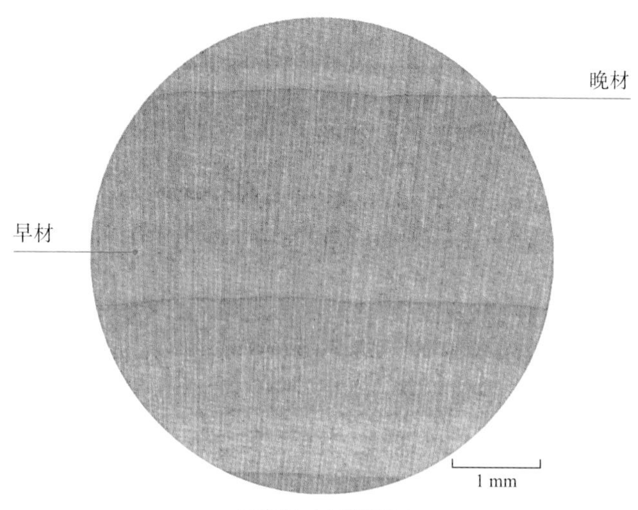

三尖杉 木材横切面

柏木 *Cupressus funebris*

柏木　木材纵切面

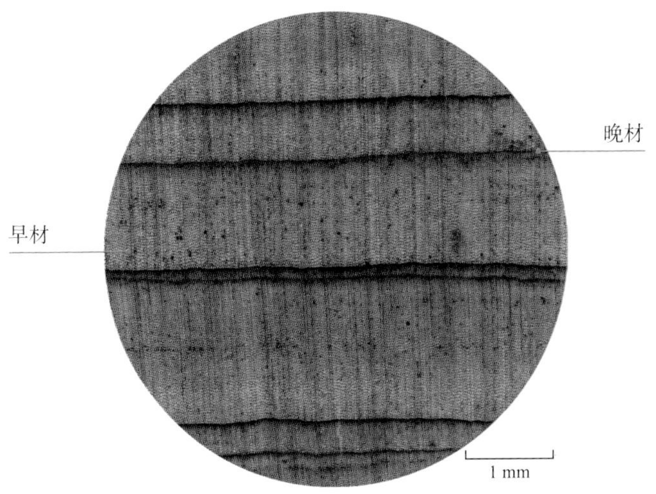

柏木　木材横切面

白豆杉 *Pseudotaxus chienii*

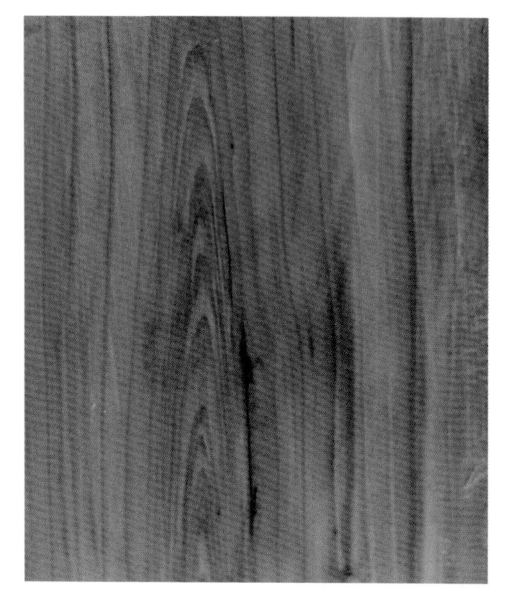

白豆杉　木材纵切面

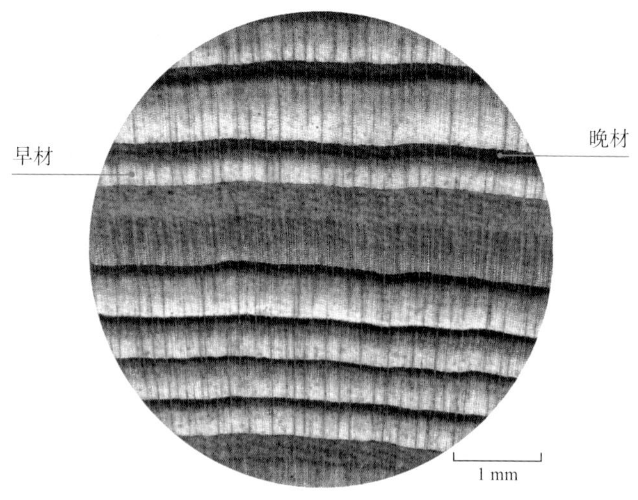

白豆杉　木材横切面

榧树 *Torreya grandis*

榧树　木材纵切面

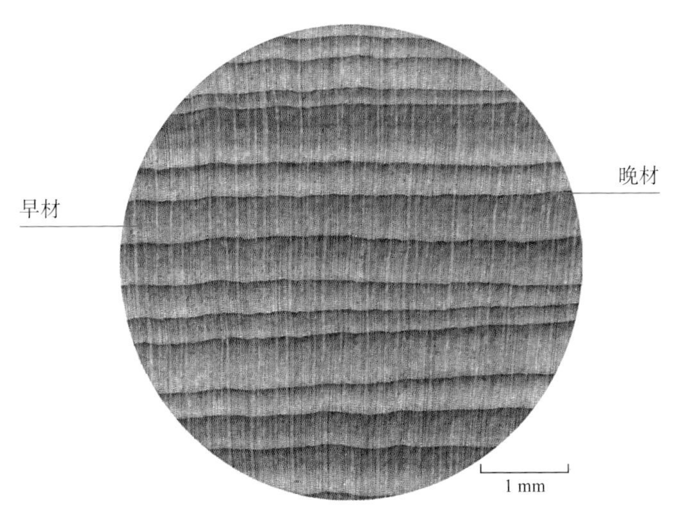

榧树　木材横切面

土沉香

Aquilaria sinensis

Agarwood

树木分类	瑞香科（Thymelaeaceae）沉香属（*Aquilaria*）
树木分布	中国广东、海南、广西、云南、福建
树木形态特征	乔木，高达 25 m，胸径达 0.6 m。树皮灰白色，粗糙或微细裂。
木材主要特征	阔叶树材。木材黄白色或浅黄色，心边材无明显区别；结香部位呈黑线状或黑斑状，结香较多时整块木材呈黑褐色。木材具光泽；微具甜香药味。木材结构细而匀；纹理直。木材强度甚低；气干密度 0.40~0.43 g/cm^3。
木材鉴别要点	散孔材。生长轮不明显；放大镜下管孔明显，大小一致，均匀散生；轴向薄壁组织通常不见；木射线中，细；内涵韧皮部多孔式（岛屿型），扁长条形，甚多，肉眼下呈芝麻点状，分布均匀。
木制品类型	工艺品、香料、药材等
保护级别	CITES 附录Ⅱ（注释 14）

土沉香与相似木材的主要区别

	内涵韧皮部	管孔
土沉香	扁长条形，数多	径列复管孔， 2~3 个，较大
（1）红桧 *Chamaecyparis formosensis*	无	无
（2）椰子树 *Cocos nucifera*	无	含在维管束内， 2~3 个
（3）邦卡棱柱木 *Gonystylus bancanus*	无	管孔略少，略小
（4）谷木 *Memecylon ligustrifolium*	近圆形，数少，较小	单管孔，较小
（5）密花马钱 *Strychnos ovata*	近圆形，数中等，较大	径列复管孔，3~5 个， 较大

土沉香　木材纵切面

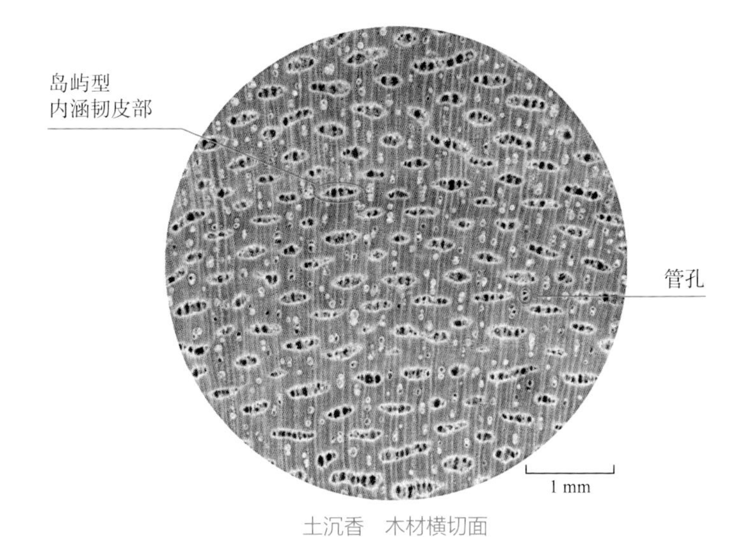

土沉香　木材横切面

红桧 *Chamaecyparis formosensis*

红桧　木材纵切面

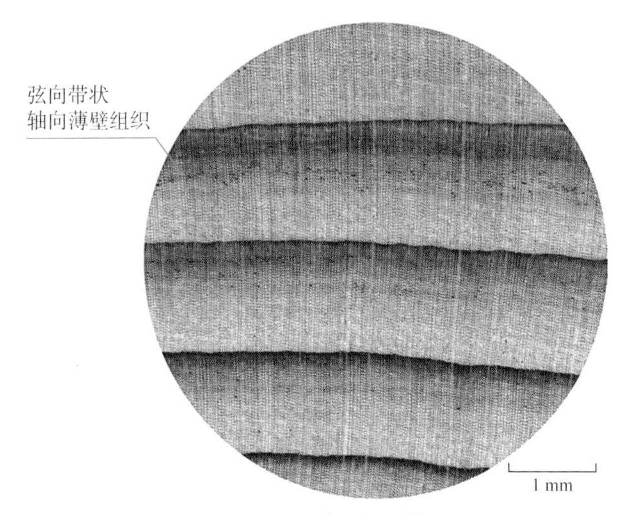

红桧　木材横切面

椰子树 *Cocos nucifera*

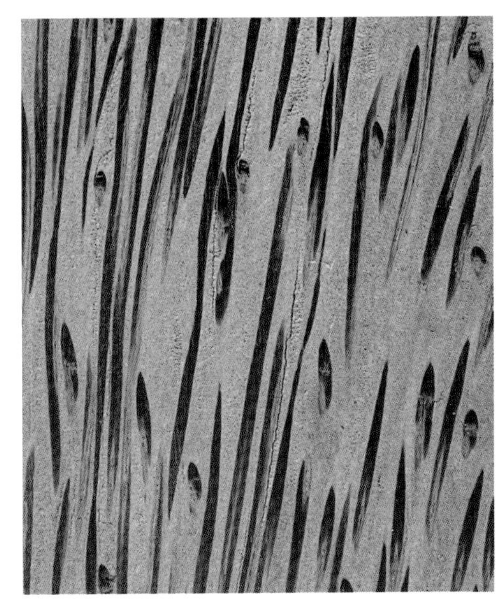

椰子树　木材纵切面

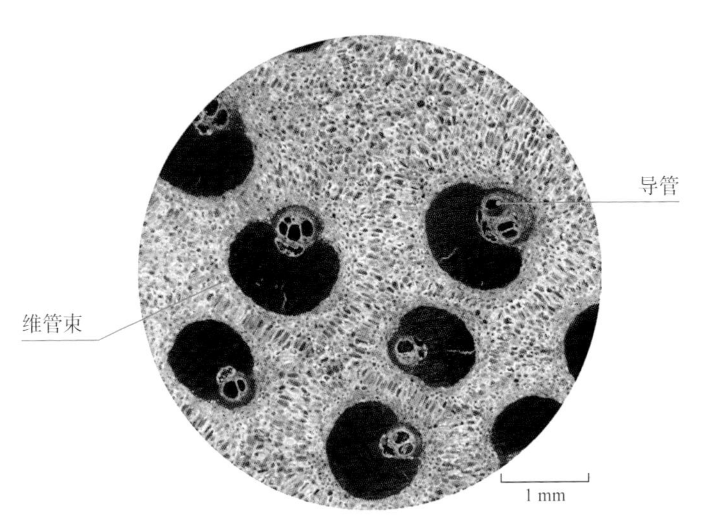

椰子树　木材横切面

邦卡棱柱木 *Gonystylus bancanus*

邦卡棱柱木　木材纵切面

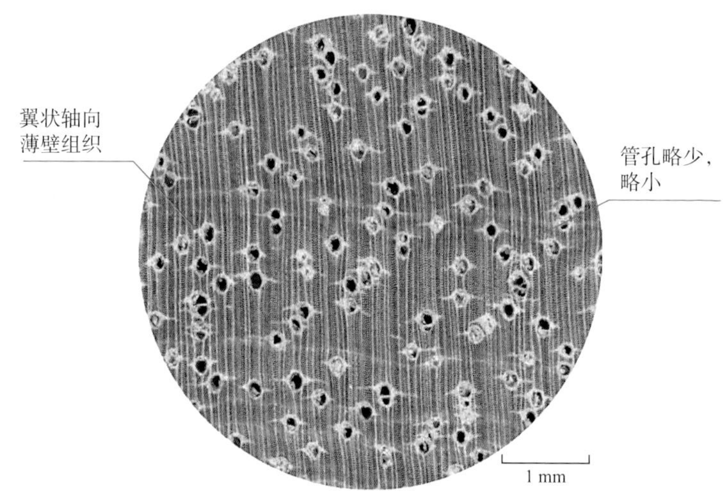

邦卡棱柱木　木材横切面

谷木 *Memecylon ligustrifolium*

谷木　木材纵切面

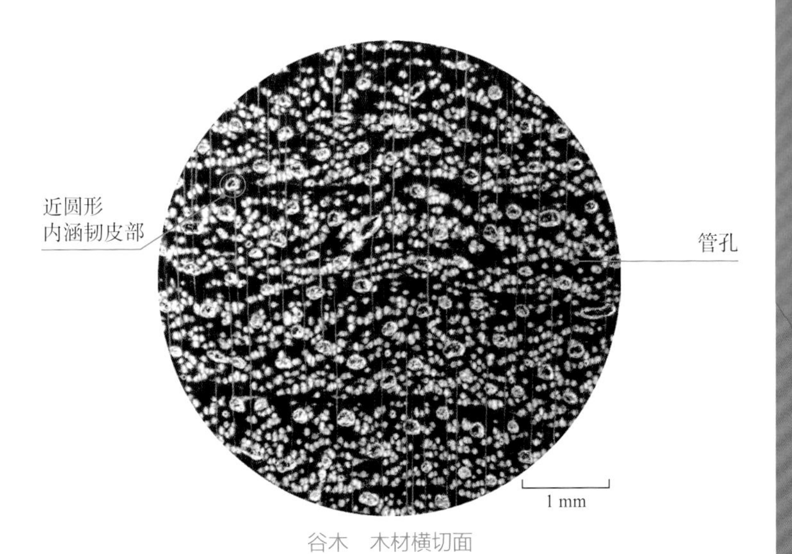

谷木　木材横切面

密花马钱 *Strychnos ovata*

密花马钱　木材纵切面

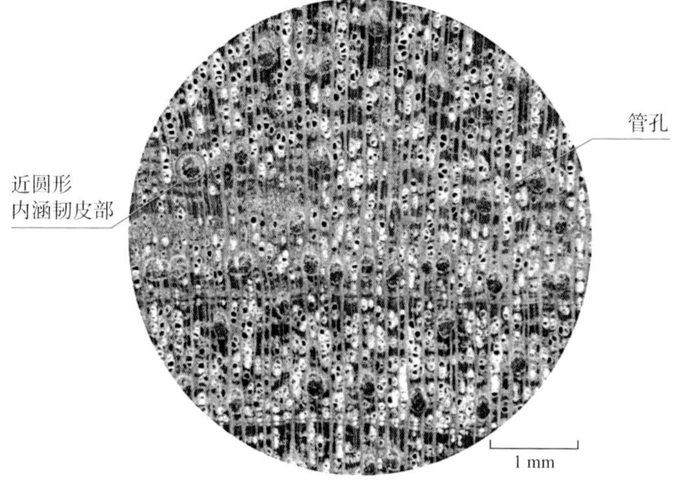

密花马钱　木材横切面

萨米维腊木
Bulnesia sarmientoi
Palo santo

树 木 分 类 蒺藜科（Zygophyllaceae）维腊木属（*Bulnesia*）

树 木 分 布 阿根廷、秘鲁、玻利维亚、巴西、巴拉圭等南美洲国家

树木形态特征 乔木，高 12~15 m，胸径 0.3~0.6 m。

木材主要特征 阔叶树材。心材深橄榄绿色或深褐色，具灰黑色条纹，心边材区别明显。木材具光泽；有水果香气。木材结构细；纹理直或略斜，似羽毛状排列。木材重硬；气干密度约 1.19 g/cm^3。

木材鉴别要点 散孔材。管孔主要为单管孔，少数复管孔呈短径列或弦列；管孔小、多，肉眼不易见，富含黄色、黄绿色或黑色内含物；放大镜下轴向薄壁组织未见；木射线叠生，细。

木制品类型 工艺品、家具、工具柄等

保 护 级 别 CITES 附录Ⅱ（注释 11）

萨米维腊木与相似木材的主要区别

	材色	气味	管孔
萨米维腊木	心材深橄榄绿色或深褐色，并带灰黑色条纹	具水果香气	小，数多，内含物丰富
（1）**绿心樟** ***Chlorocardium rodiei***	心材黄色或黄褐色微带绿色，边材色浅	无	较大
（2）**药用愈疮木** ***Guaiacum officinale***	心材深褐色至黑褐色，具黑色条纹	微弱香气	分散，较小，数少，内含物丰富
（3）**神圣愈疮木** ***Guaiacum sanctum***	心材黄褐色至暗绿褐色，并带黑色条纹	微弱香气	分散，较小，略少，内含物丰富
（4）**齿叶风铃木** ***Handroanthus serratifolius***	心材浅或深橄榄褐色，具深浅相间条纹，边材黄白色或浅黄褐色	无	较大，内含物丰富

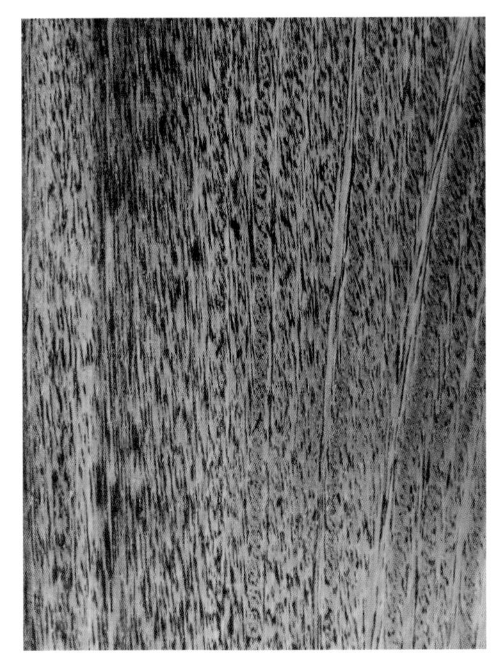

萨米维腊木　木材纵切面

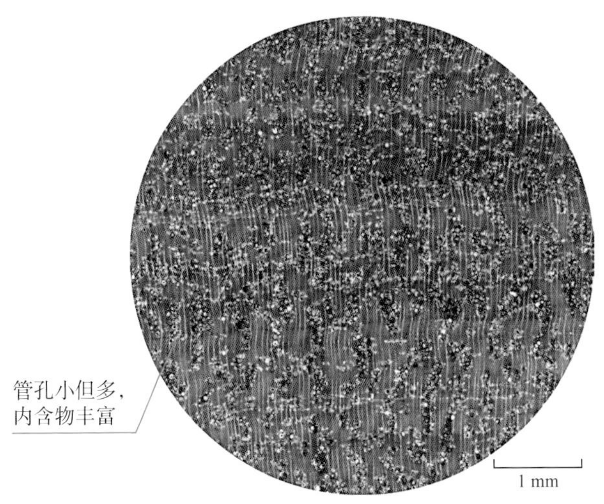

萨米维腊木　木材横切面

绿心樟 *Chlorocardium rodiei*

绿心樟　木材纵切面

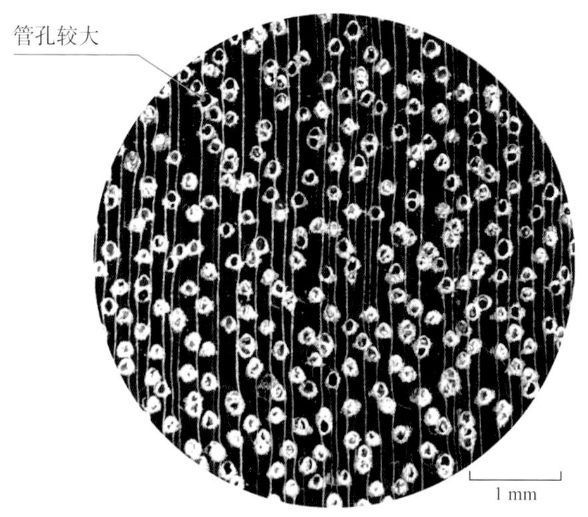

绿心樟　木材横切面

药用愈疮木 *Guaiacum officinale*

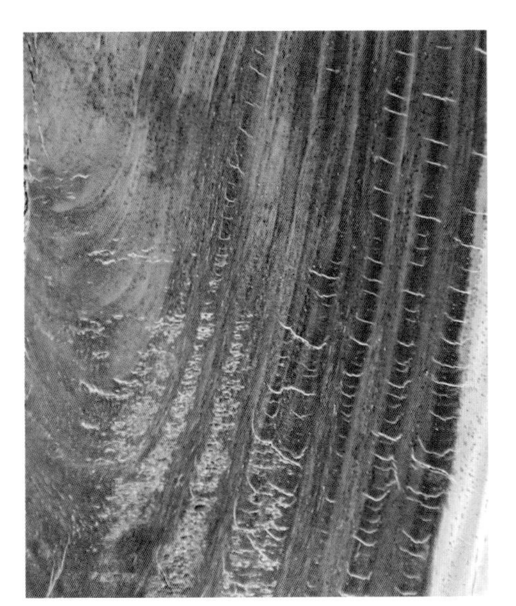

药用愈疮木　木材纵切面

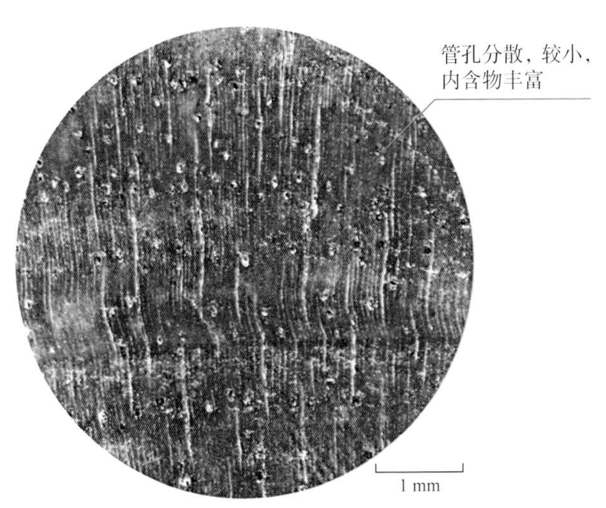

药用愈疮木　木材横切面

神圣愈疮木 *Guaiacum sanctum*

神圣愈疮木　木材纵切面

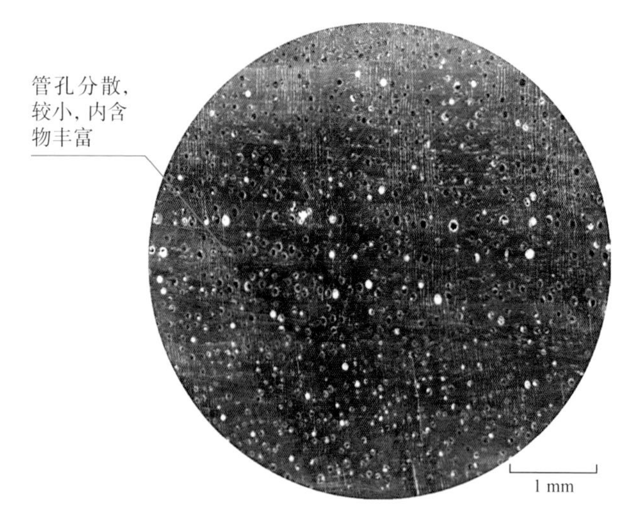

神圣愈疮木　木材横切面

齿叶风铃木 *Handroanthus serratifolius*

齿叶风铃木　木材纵切面

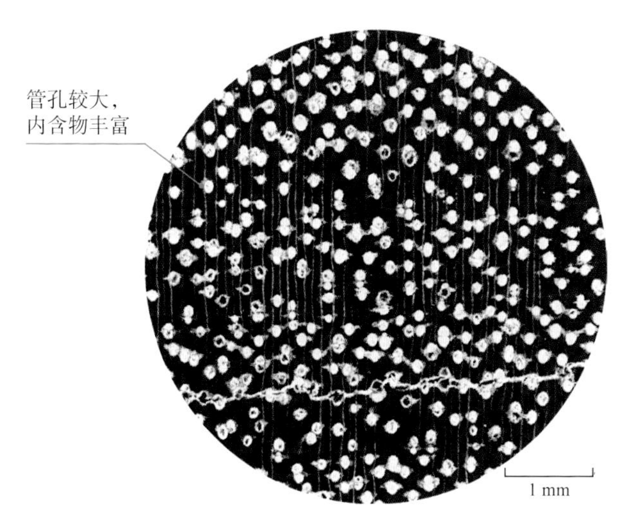

齿叶风铃木　木材横切面

香洋椿

Cedrela odorata

Central American cedar

树 木 分 类 楝科（Meliaceae）洋椿属（*Cedrela*）

树 木 分 布 墨西哥、哥伦比亚、秘鲁、危地马拉、玻利维亚等

树木形态特征 乔木，高达 25~30 m，胸径达 1 m。

木材主要特征 阔叶树材。心材褐色或浅褐色，可见明显导管线；边材色略浅，与心材区别略明显。略具光泽，有独特的柏木香气。木材结构略粗，均匀；纹理直。木材硬度低；气干密度约 0.45 g/cm^3。

木材鉴别要点 散孔材。生长轮明显；导管主要为单管孔，少数径列复管孔，略大，数量少，肉眼下明显；轴向薄壁组织明显，轮界状、环管状；木射线略见，略密，窄。

木制品类型 家具、车辆材、单板、乐器、仪器箱盒、雕刻等

保 护 级 别 CITES 附录Ⅱ（新热带种群，注释 6）

香洋椿与相似木材的主要区别

	材色	轴向薄壁组织
香洋椿	心材褐色或浅褐色，边材色略浅	轮界状、环管状
（1）圭亚那蟹木楝 *Carapa guianensis*	心材浅红褐色，边材黄白色	带状、环管状
（2）劳氏驼峰楝 *Guarea laurentii*	心材红褐色，边材浅粉褐色	带状、环管状
（3）白卡雅楝 *Khaya anthotheca*	心材浅红褐色，边材黄白色	环管状
（4）大叶桃花心木 *Swietenia macrophylla*	心材褐色或红褐色，边材色浅	轮界状、环管状

香洋椿　木材纵切面

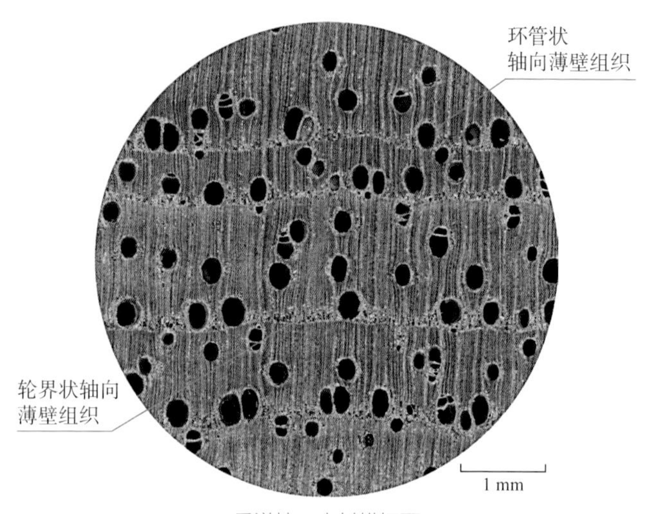

香洋椿　木材横切面

圭亚那蟹木楝 *Carapa guianensis*

圭亚那蟹木楝　木材纵切面

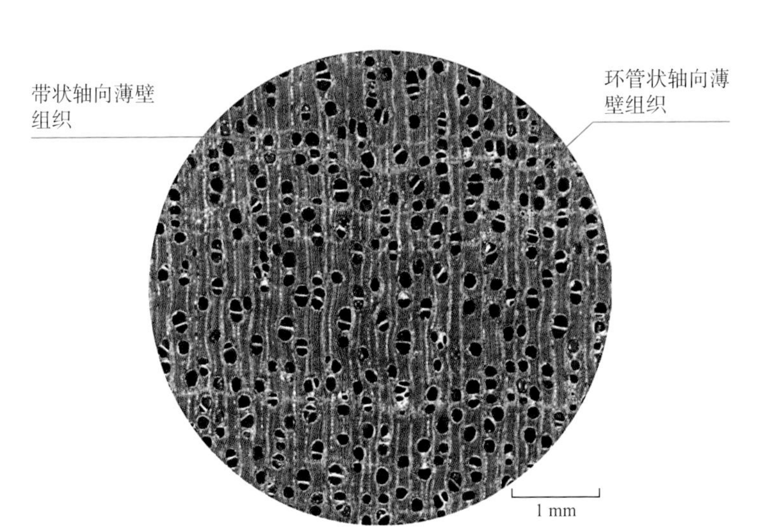

圭亚那蟹木楝　木材横切面

劳氏驼峰楝 *Guarea laurentii*

劳氏驼峰楝　木材纵切面

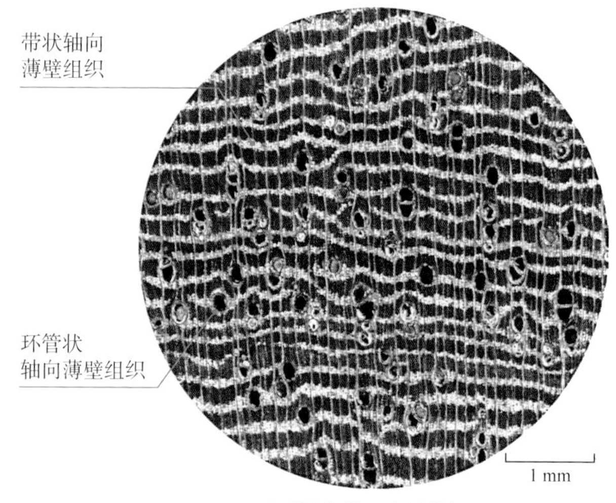

劳氏驼峰楝　木材横切面

白卡雅楝 *Khaya anthotheca*

白卡雅楝　木材纵切面

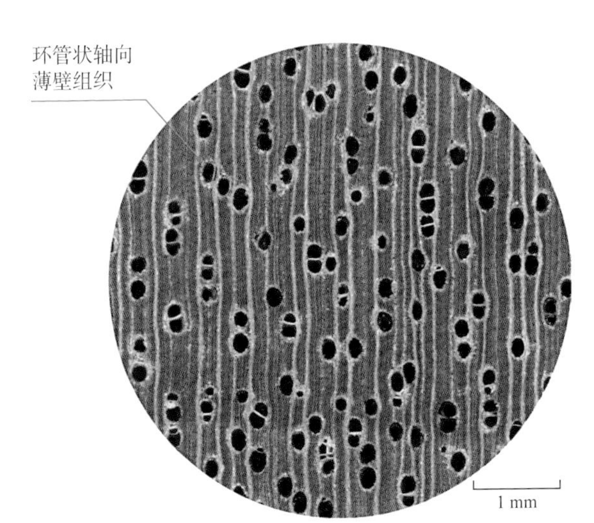

白卡雅楝　木材横切面

大叶桃花心木 *Swietenia macrophylla*

大叶桃花心木　木材纵切面

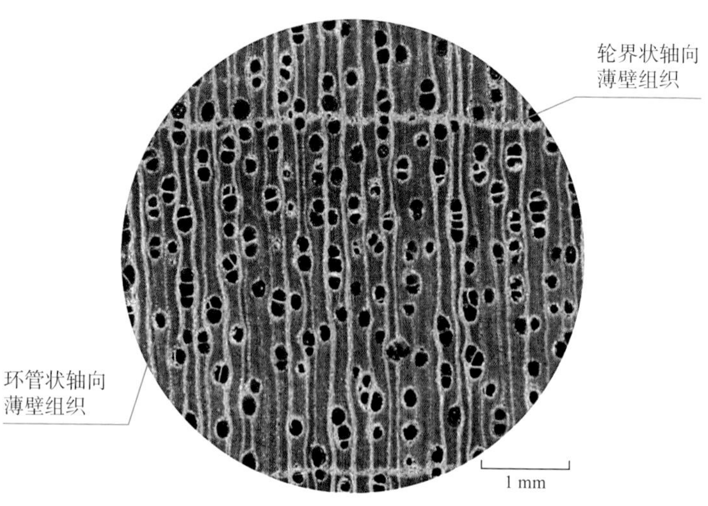

大叶桃花心木　木材横切面

交趾黄檀

Dalbergia cochinchinensis

Siam rosewood

树 木 分 类 豆科（Leguminosae）黄檀属（*Dalbergia*）

树 木 分 布 老挝、泰国、柬埔寨、越南等东南亚国家

树木形态特征 乔木，高 12~16 m，胸径达 1.0 m。

木材主要特征 阔叶树材。心材从浅红紫色到暗红褐色，具黑褐色或栗褐色条纹；边材灰白色，与心材区分明显。木材有酸香气或微弱。木材结构细致均匀；纹理直。木材重硬；气干密度 1.01~1.09 g/cm^3。

木材鉴别要点 散孔材。生长轮不明显或略明显；管孔肉眼下略可见，略大、数少，含深色树胶；轴向薄壁组织主要为带状、环管状、翼状；放大镜下木射线可见；波痕明显。

木制品类型 家具、装饰单板、乐器、工艺品等

保 护 级 别 CITES 附录Ⅱ（注释 15）

交趾黄檀与相似木材的主要区别

	材色	轴向薄壁组织
交趾黄檀	心材从浅红紫色到暗红褐色，具黑褐色或栗褐色条纹	带状、环管状、翼状
（1）**阔叶黄檀** ***Dalbergia latifolia***	心材浅金褐色、黑褐色、紫褐色或深紫红色，常有较宽但相距较远的紫黑色条纹	翼状、聚翼状、带状
（2）**奥氏黄檀** ***Dalbergia oliveri***	心材新切面柠檬红色、红褐色至深红褐色，常带明显的黑色条纹	带状，与木射线交叉网状明显
（3）**微凹黄檀** ***Dalbergia retusa***	心材新切面橙黄色明显，久置呈红褐色、紫红褐色，常带黑色条纹	带状、翼状、环管状
（4）**羽状阔变豆** ***Platymiscium pinnatum***	心材红色或红褐色，有黑色或红紫色条纹	翼状、聚翼状、轮界状
（5）**铁木豆** ***Swartzia benthamiana***	心材红褐色至深红褐色，具有深浅相间的条纹	带状

交趾黄檀　木材纵切面

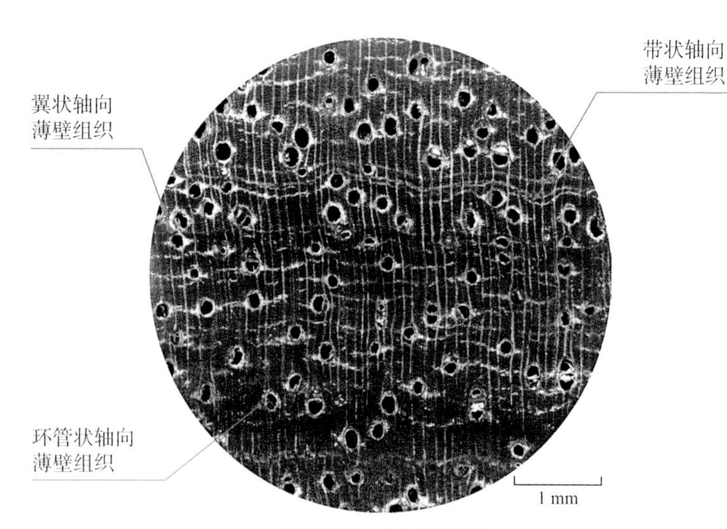

交趾黄檀　木材横切面

阔叶黄檀 *Dalbergia latifolia*

阔叶黄檀　木材纵切面

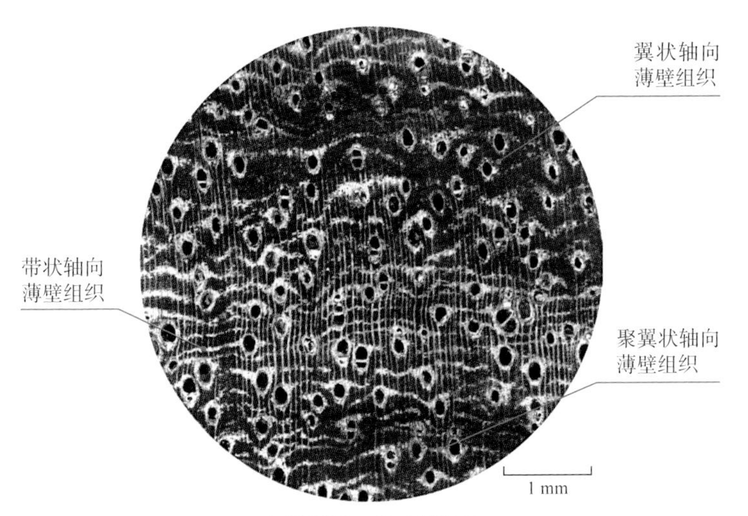

阔叶黄檀　木材横切面

奥氏黄檀 *Dalbergia oliveri*

奥氏黄檀　木材纵切面

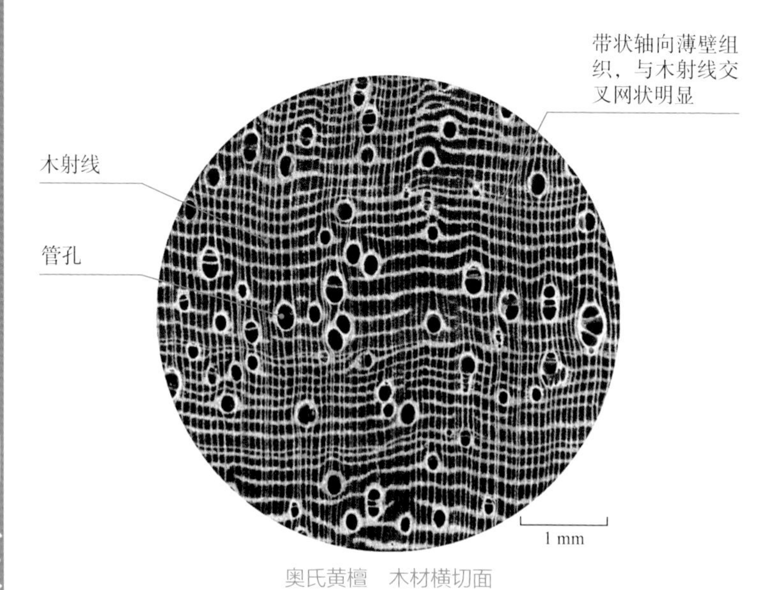

奥氏黄檀　木材横切面

微凹黄檀 *Dalbergia retusa*

微凹黄檀　木材纵切面

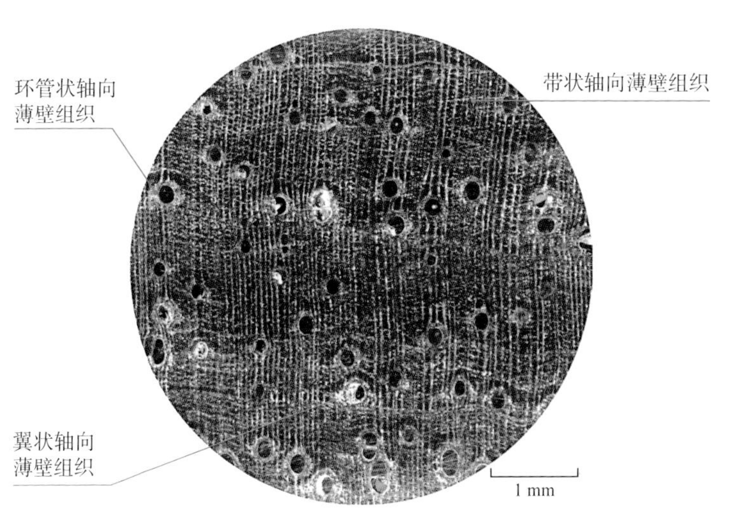

微凹黄檀　木材横切面

羽状阔变豆 *Platymiscium pinnatum*

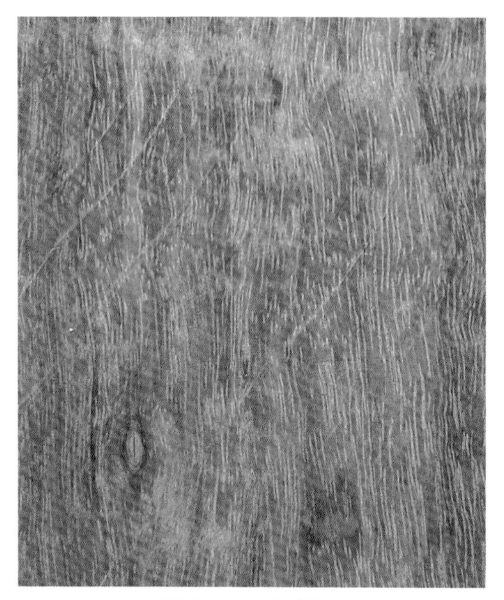

羽状阔变豆　木材纵切面

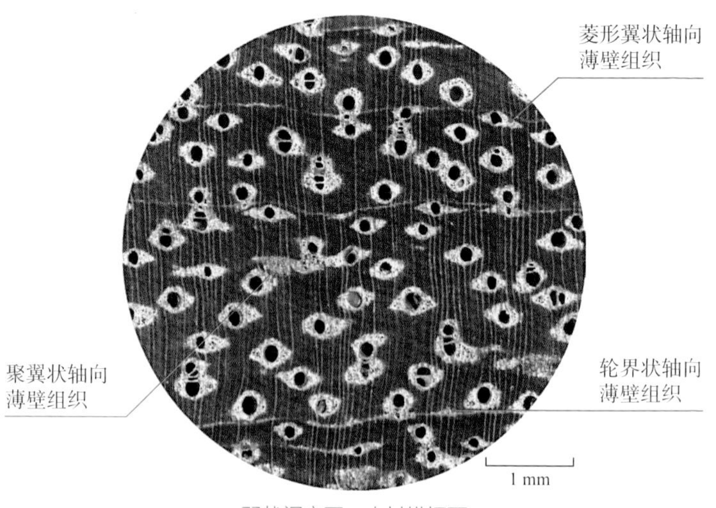

羽状阔变豆　木材横切面

铁木豆 *Swartzia benthamiana*

铁木豆　木材纵切面

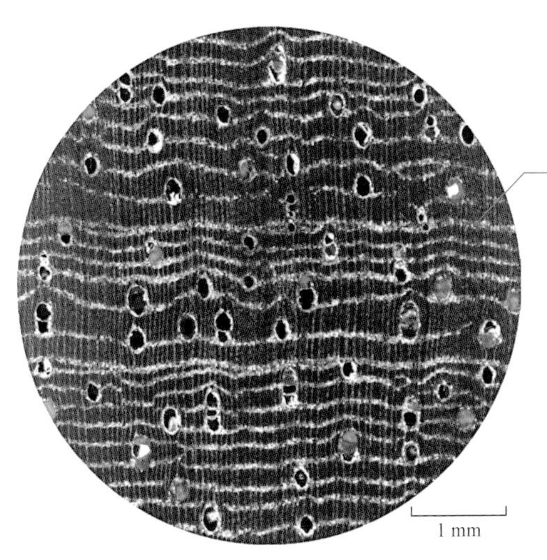

铁木豆　木材横切面

中美洲黄檀
Dalbergia granadillo
Cocobolo

树 木 分 类 豆科（Leguminosae）黄檀属（*Dalbergia*）

树 木 分 布 墨西哥等南美洲国家

树木形态特征 乔木，树高达 20 m。

木材主要特征 阔叶树材。心材新切面暗红褐色、橘红褐色至深红褐色，常带黑色条纹。新切面气味辛辣。木材结构细；纹理直或交错。木材重硬；气干密度 0.98~1.22 g/cm^3。

木材鉴别要点 散孔材。生长轮明显；肉眼下管孔可见至明显，数甚少至少；放大镜下轴向薄壁组织明显，为翼状、带状；木射线明显；波痕不明显。

木制品类型 原木、锯材、家具、乐器部件、工艺品等

保 护 级 别 CITES 附录Ⅱ（注释 15）

中美洲黄檀与相似木材的主要区别

	材色	轴向薄壁组织
中美洲黄檀	心材新切面暗红褐色、橘红褐色至深红褐色，常带黑色条纹	翼状、带状
（1）**密花黄檀** ***Dalbergia congestiflora***	心材浅红褐色	带状、轮界状、环管状
（2）**伯利兹黄檀** ***Dalbergia stevensonii***	心材浅红褐色，具深浅相间条纹	环管状、翼状、带状、轮界状
（3）**硬木军刀豆** ***Machaerium scleroxylon***	心材紫褐色，具深浅相间条纹	翼状、带状、轮界状
（4）**羽状阔变豆** ***Platymiscium pinnatum***	心材红色或红褐色，有黑色或红紫色条纹	翼状、聚翼状、轮界状

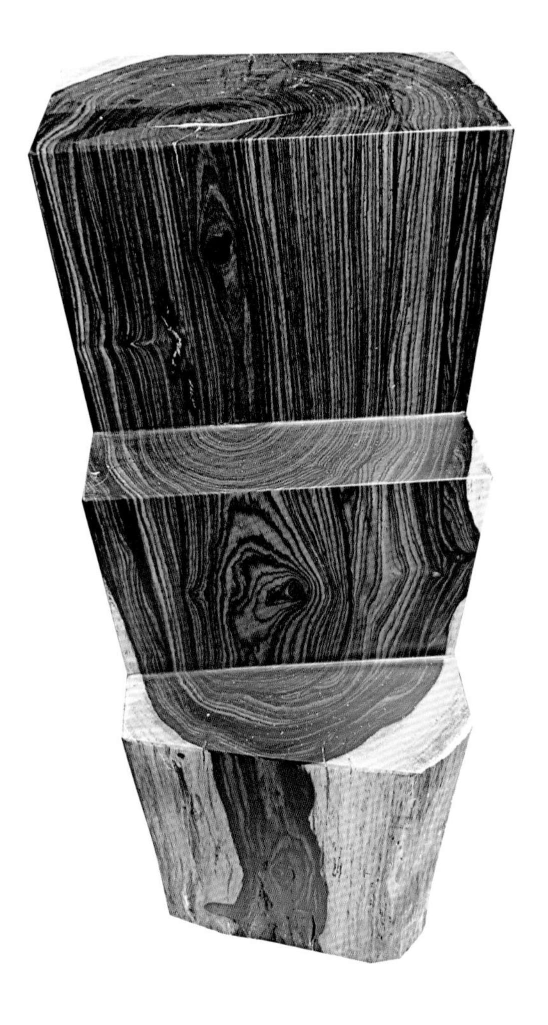

中美洲黄檀　木材纵切面

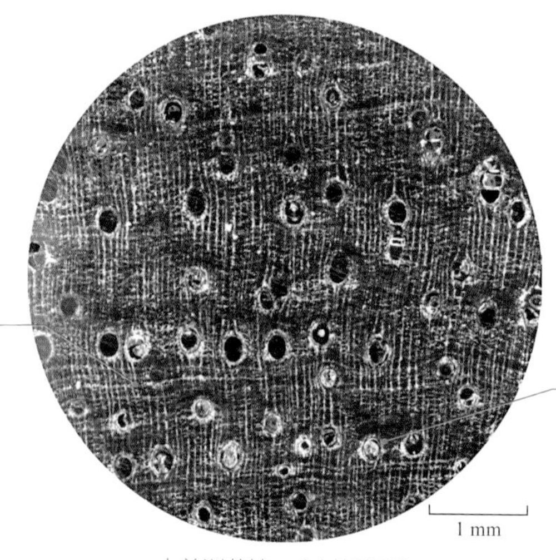

中美洲黄檀　木材横切面

密花黄檀 *Dalbergia congestiflora*

密花黄檀　木材纵切面

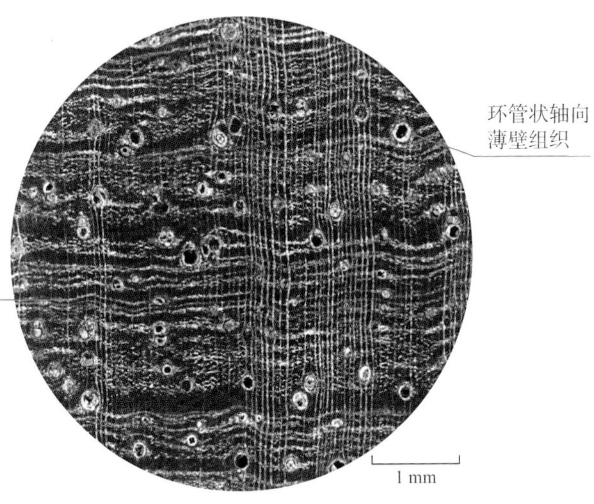

密花黄檀　木材横切面

伯利兹黄檀 *Dalbergia stevensonii*

伯利兹黄檀　木材纵切面

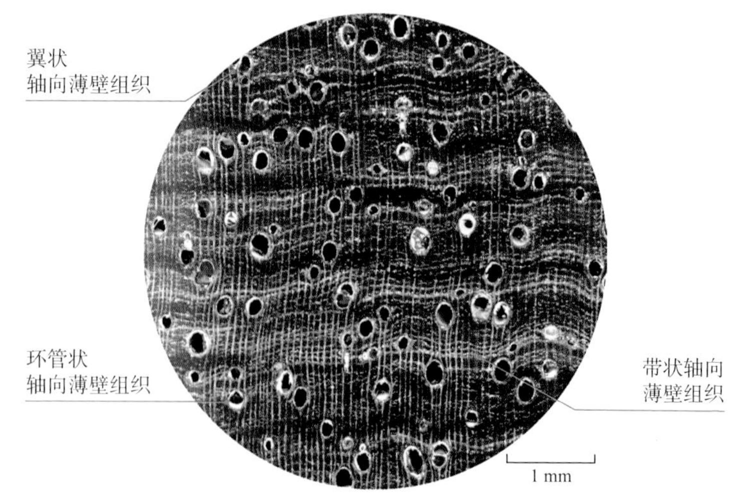

伯利兹黄檀　木材横切面

硬木军刀豆 *Machaerium scleroxylon*

硬木军刀豆　木材纵切面

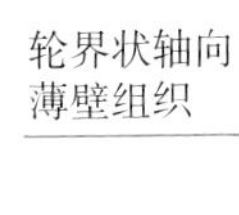

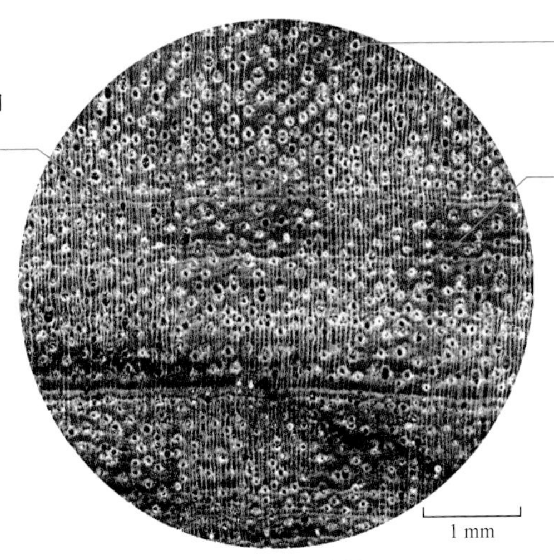

硬木军刀豆　木材横切面

羽状阔变豆 *Platymiscium pinnatum*

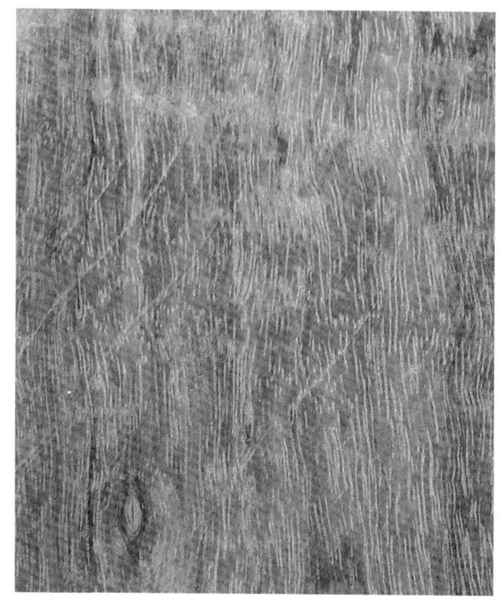

羽状阔变豆　木材纵切面

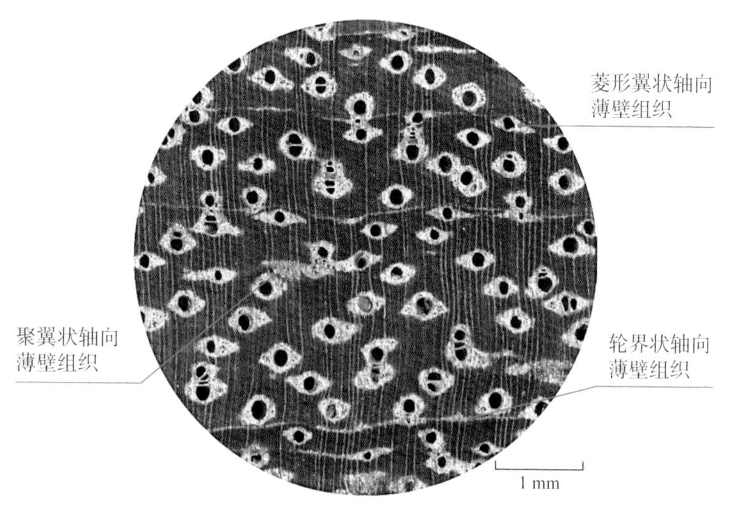

羽状阔变豆　木材横切面

阔叶黄檀
Dalbergia latifolia
Indian rosewood

树 木 分 类 豆科（Leguminosae）黄檀属（*Dalbergia*）

树 木 分 布 印度、印度尼西亚

树木形态特征 乔木，树干通常不直，高达 43 m，胸径达 1.5 m。树外皮白色，呈小片脱落。

木材主要特征 阔叶树材。心材浅金褐色、黑褐色、紫褐色或深紫红色，常有较宽但相距较远的紫黑色条纹；边材浅黄白色，与心材区别明显。新切面有酸香气。木材结构细；纹理交错。木材重硬；气干密度 0.75~1.04 g/cm^3。

木材鉴别要点 散孔材。生长轮不明显或略明显；肉眼下管孔明显，数少至略少；轴向薄壁组织颇明显，主要为翼状、聚翼状及带状；放大镜下木射线可见；波痕可见。

木 制 品 类 型 家具、装饰单板、胶合板、高级车厢、乐器零件、镶嵌板、隔墙板、地板等

保 护 级 别 CITES 附录Ⅱ（注释 15）

阔叶黄檀与相似木材的主要区别

	材色	轴向薄壁组织
阔叶黄檀	心材浅金褐色、黑褐色、紫褐色或深紫红色，常有较宽但相距较远的紫黑色条纹	翼状、聚翼状、带状
（1）交趾黄檀 *Dalbergia cochinchinensis*	心材从浅红紫色到暗红褐色，具黑褐色或栗褐色条纹	带状、环管状、翼状
（2）中美洲黄檀 *Dalbergia granadillo*	心材新切面暗红褐色、橘红褐色至深红褐色，常带黑色条纹	翼状、带状
（3）微凹黄檀 *Dalbergia retusa*	心材新切面橙黄色明显，久置呈红褐色、紫红褐色，常带黑色条纹	带状、翼状、环管状
（4）伯利兹黄檀 *Dalbergia stevensonii*	心材浅红褐色，具深浅相间条纹	环管状、翼状、带状、轮界状
（5）平萼铁木豆 *Swartzia leiocalycina*	心材深褐色至紫褐色，具深橄榄色或紫褐色条纹	翼状、带状、轮界状
（6）毛榄仁 *Terminalia tomentosa*	心材从浅褐色带深色条纹到巧克力褐色	翼状、聚翼状、轮界状

阔叶黄檀　木材纵切面

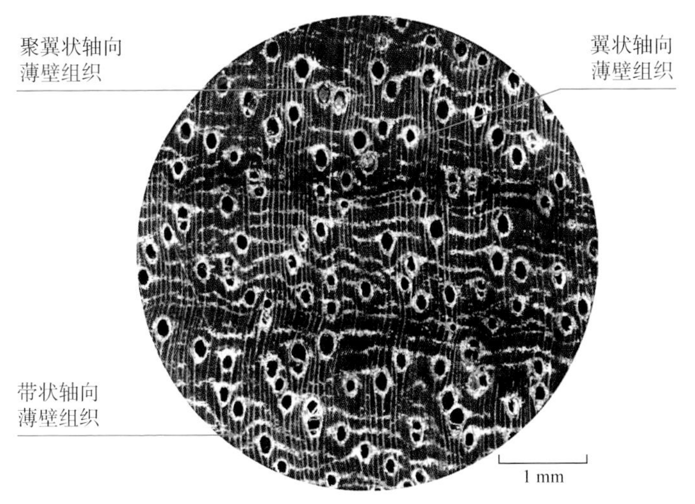

阔叶黄檀　木材横切面

交趾黄檀 *Dalbergia cochinchinensis*

交趾黄檀　木材纵切面

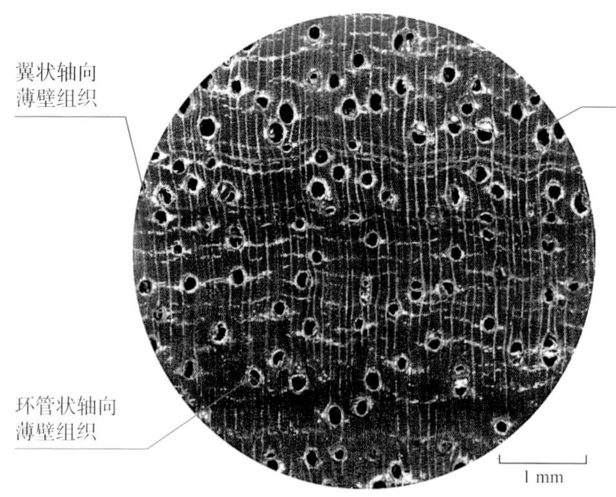

交趾黄檀　木材横切面

中美洲黄檀 *Dalbergia granadillo*

中美洲黄檀　木材纵切面

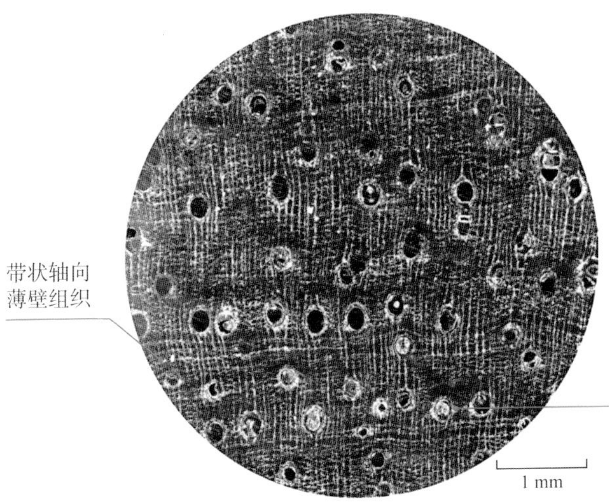

中美洲黄檀　木材横切面

微凹黄檀 *Dalbergia retusa*

微凹黄檀　木材纵切面

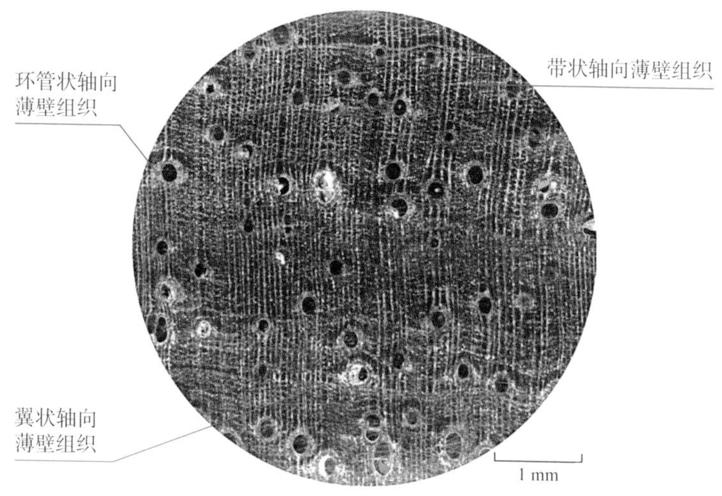

微凹黄檀　木材横切面

伯利兹黄檀 *Dalbergia stevensonii*

伯利兹黄檀　木材纵切面

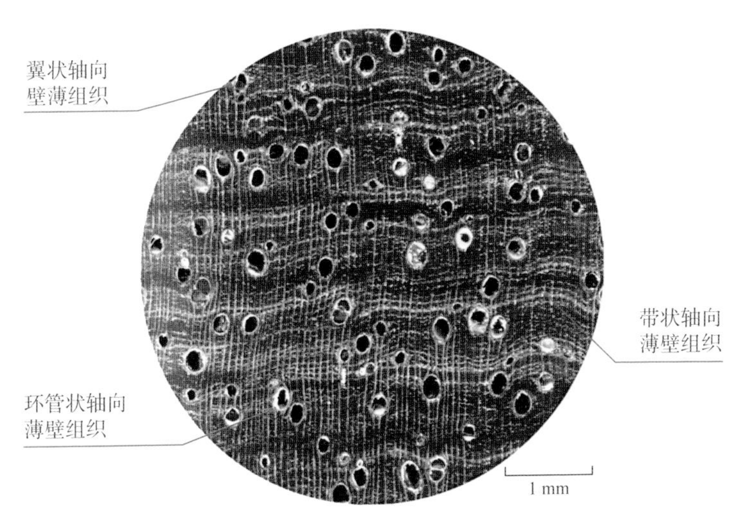

伯利兹黄檀　木材横切面

平萼铁木豆 *Swartzia leiocalycina*

平萼铁木豆　木材纵切面

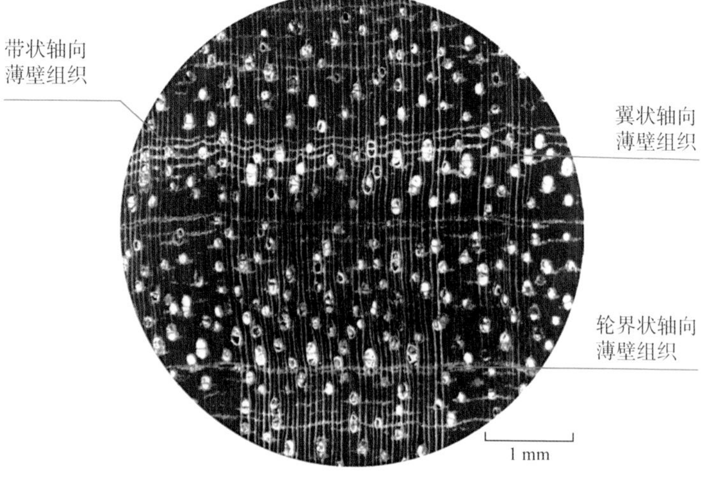

平萼铁木豆　木材横切面

毛榄仁 *Terminalia tomentosa*

毛榄仁　木材纵切面

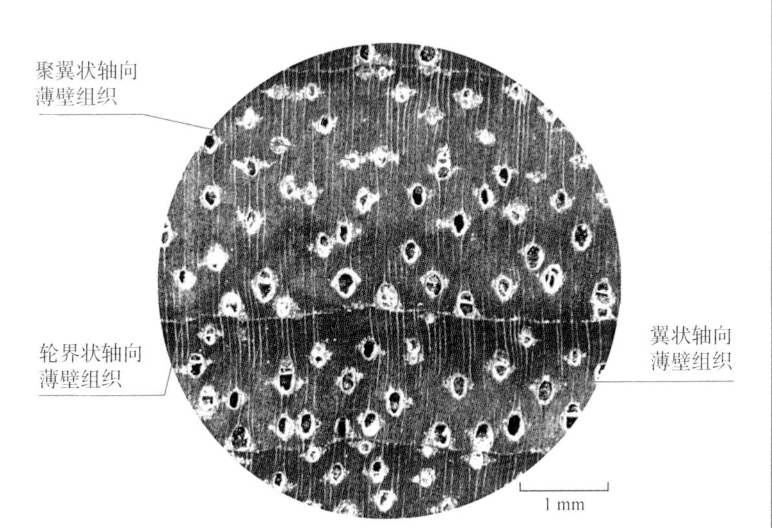

毛榄仁　木材横切面

卢氏黑黄檀
Dalbergia louvelii
Bois de rose

树木分类 豆科（Leguminosae）黄檀属（*Dalbergia*）

树木分布 马达加斯加等

树木形态特征 乔木，高达 15 m，胸径达 0.4 m。

木材主要特征 阔叶树材。心材新切面紫红色，久置则转为深紫色或黑紫色，与边材区分明显。木材酸香气微弱。木材结构甚细至细；纹理交错，有局部卷曲。木材重硬；气干密度约 0.95 g/cm^3。

木材鉴别要点 散孔材。生长轮不明显；管孔心材处肉眼下不可见，数甚少至少；放大镜下轴向薄壁组织明显，主要为带状；木射线可见；波痕不明显。

木制品类型 家具等

保护级别 CITES 附录Ⅱ（注释 15）

卢氏黑黄檀与相似木材的主要区别

	材色	轴向薄壁组织
卢氏黑黄檀	心材新切面紫红色，久置则转为深紫色或黑紫色	带状
（1）中美洲黄檀 *Dalbergia granadillo*	心材新切面暗红褐色、橘红褐色至深红褐色，常带黑色条纹	翼状、带状
（2）东非黑黄檀 *Dalbergia melanoxylon*	心材黑褐色至黄紫褐色，常带黑色条纹	较少
（3）胶漆树 *Gluta renghas*	心材浅红褐色，有时有黑色条纹	轮界状、带状、环管状
（4）檀香紫檀 *Pterocarpus santalinus*	心材新切面橘红色，久置则转为深紫色或黑紫色	不连续弦向带状、翼状、环管状

卢氏黑黄檀　木材纵切面

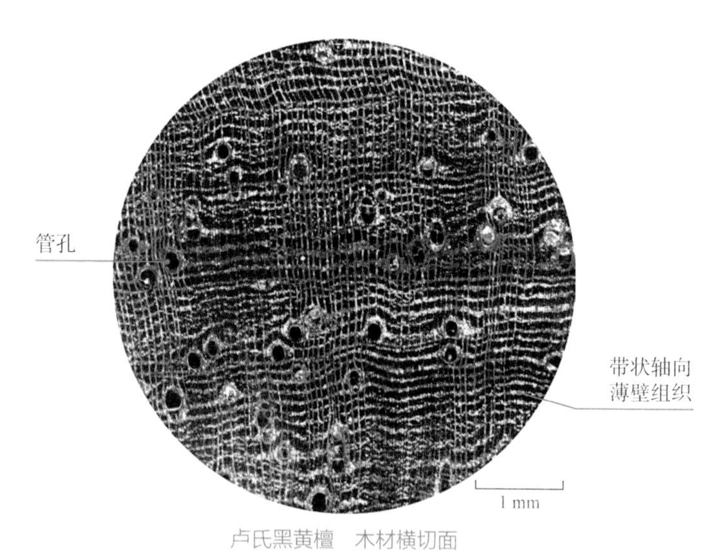

卢氏黑黄檀　木材横切面

中美洲黄檀 *Dalbergia granadillo*

中美洲黄檀　木材纵切面

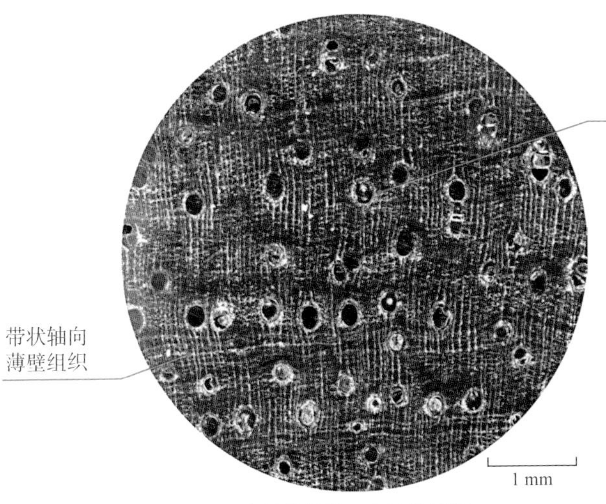

中美洲黄檀　木材横切面

东非黑黄檀 *Dalbergia melanoxylon*

东非黑黄檀　木材纵切面

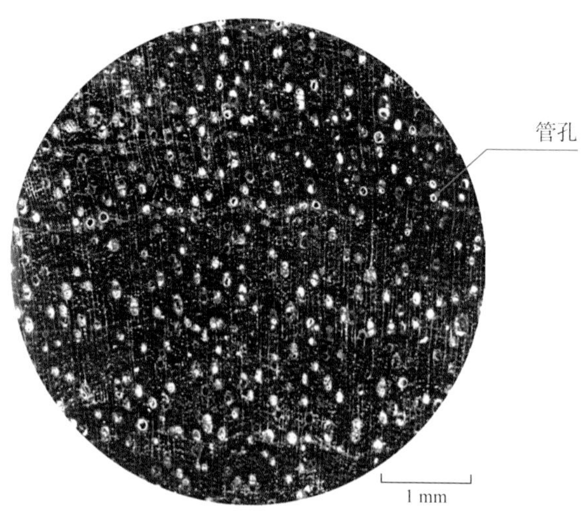

东非黑黄檀　木材横切面

胶漆树 *Gluta renghas*

胶漆树　木材纵切面

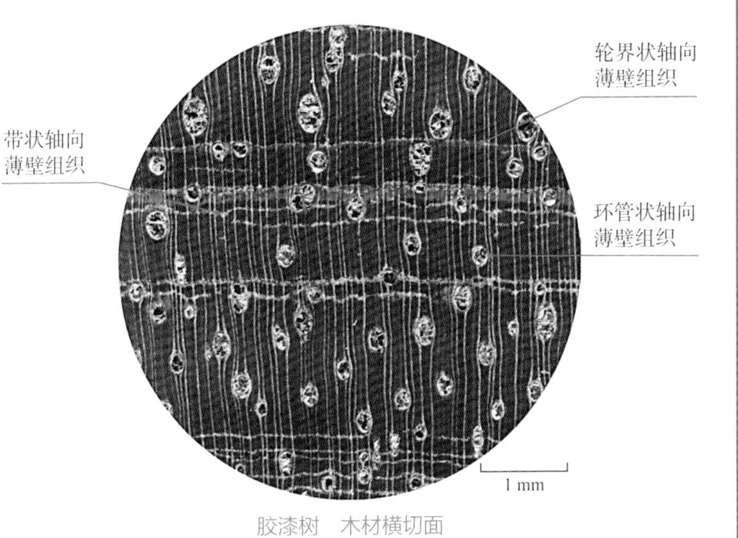

胶漆树　木材横切面

檀香紫檀 *Pterocarpus santalinus*

檀香紫檀　木材纵切面

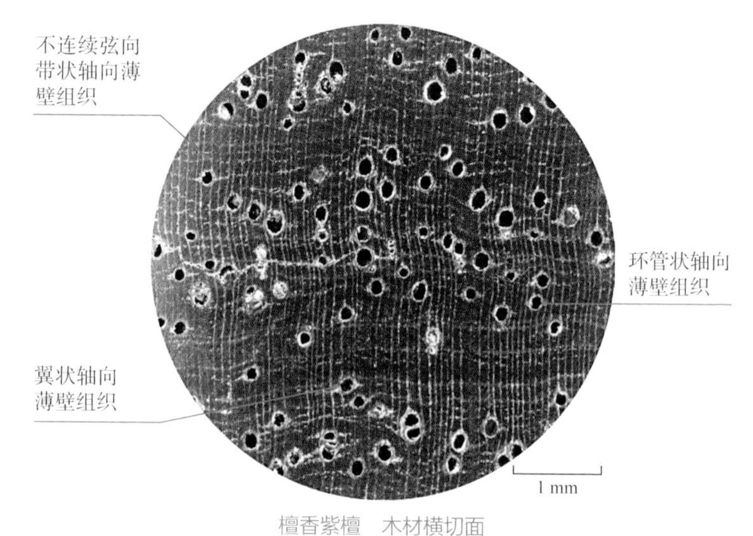

檀香紫檀　木材横切面

相似木材

东非黑黄檀

Dalbergia melanoxylon

African Blackwood

树木分类	豆科（Leguminosae）黄檀属（*Dalbergia*）
树木分布	喀麦隆、加蓬、赤道几内亚
树木形态特征	乔木，高 5~9 m，胸径 0.5~0.6 m。
木材主要特征	阔叶树材。心材黑褐色至黄紫褐色，常带黑色条纹；边材黄白色，心边材区别明显。木材无酸香气或很微弱。木材结构甚细；纹理直。木材重硬；气干密度 1.00~1.33 g/cm^3。
木材鉴别要点	散孔材。生长轮不明显；放大镜下管孔可见；轴向薄壁组织略见；木射线可见，波痕可见。
木制品类型	家具、工艺品、佛像、佛珠、手串、乐器等
保护级别	CITES 附录Ⅱ（注释 15）

东非黑黄檀与相似木材的主要区别

	材色	轴向薄壁组织
东非黑黄檀	心材黑褐色至黄紫褐色，常带黑色条纹，边材黄白色	较少
（1）风车木 *Combretum imberbe*	心材暗褐色至咖啡色，略带紫色，久置呈黑紫色，具深浅相间条纹，边材黄白色	环管状
（2）卢氏黑黄檀 *Dalbergia louvelii*	心材新切面紫红色，久置则转为深紫色或黑紫色，边材黄褐色	带状
（3）乌木 *Diospyros ebenum*	心材全部乌黑色，浅色条纹稀见，边材灰白色	丰富，颇密，放大镜下不可见，带状、环管状
（4）成对古夷苏木 *Guibourtia conjugata*	心材红褐色，边材浅粉褐色	带状、翼状、聚翼状、环管状、轮界状
（5）黑铁木豆 *Swartzia bannia*	心材深紫褐色至近黑色，边材浅黄色至黄色	带状
（6）黑黄蕊木 *Xanthostemon melanoxylon*	心材深黑褐色，含黑色树胶，边材色浅	较少，主要为翼状、环管状

东非黑黄檀　木材纵切面

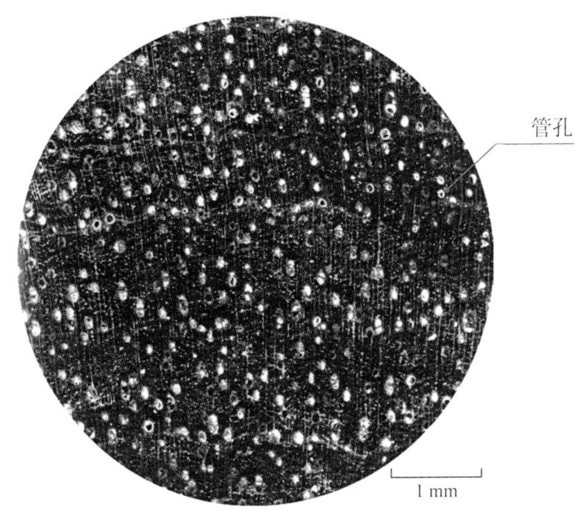

东非黑黄檀　木材横切面

风车木 *Combretum imberbe*

风车木　木材纵切面

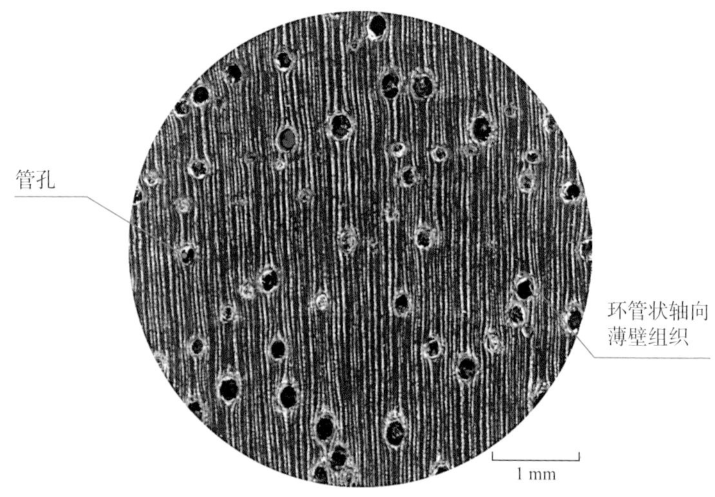

风车木　木材横切面

卢氏黑黄檀 *Dalbergia louvelii*

卢氏黑黄檀　木材纵切面

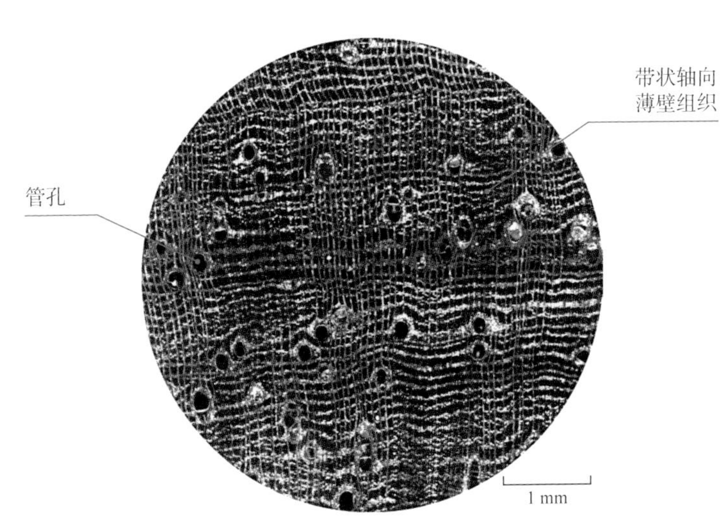

卢氏黑黄檀　木材横切面

乌木 *Diospyros ebenum*

乌木　木材纵切面

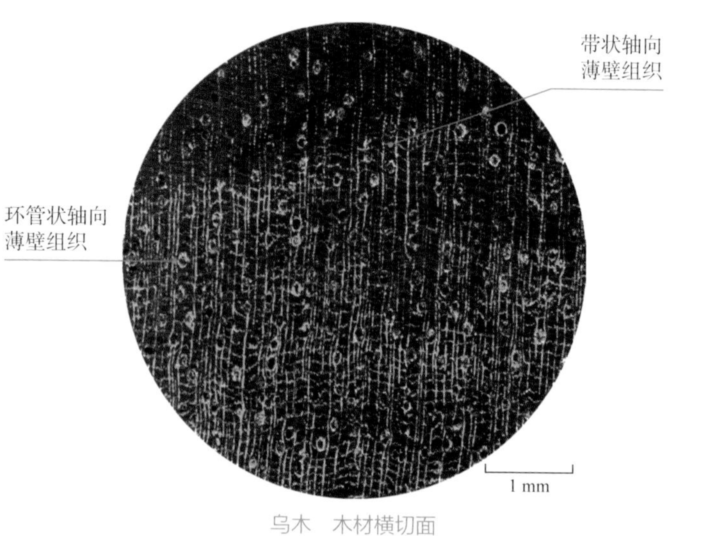

乌木　木材横切面

成对古夷苏木 *Guibourtia conjugata*

成对古夷苏木　木材纵切面

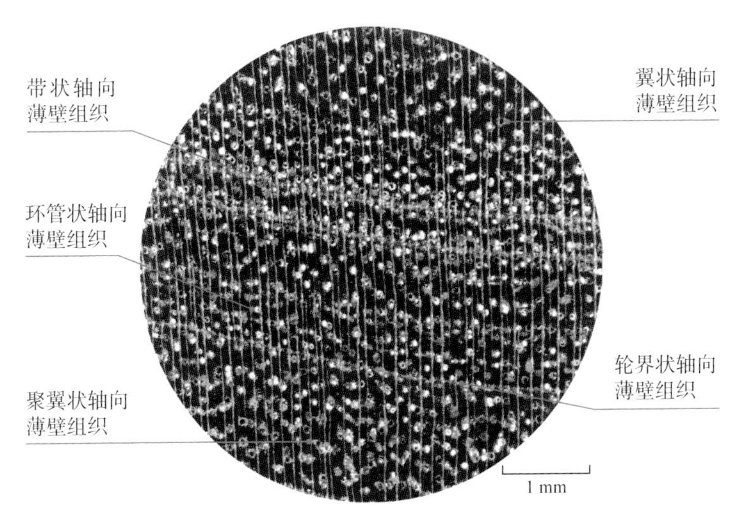

成对古夷苏木　木材横切面

黑铁木豆 *Swartzia bannia*

黑铁木豆　木材纵切面

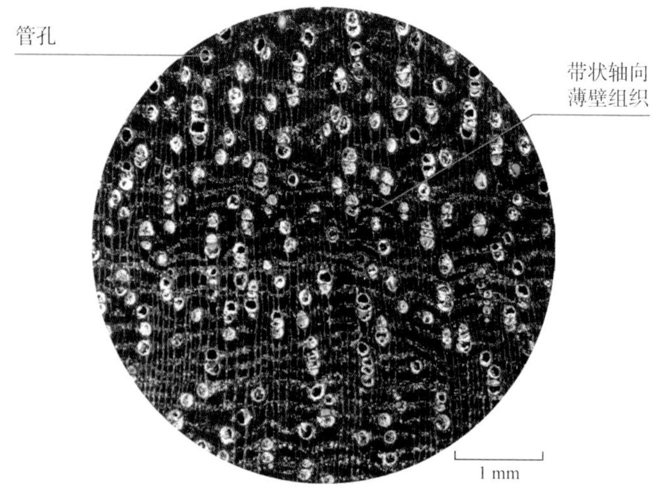

黑铁木豆　木材横切面

黑黄蕊木 *Xanthostemon melanoxylon*

黑黄蕊木　木材纵切面

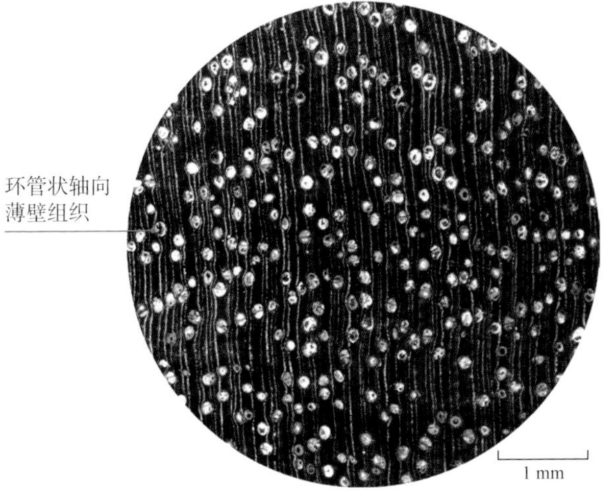

黑黄蕊木　木材横切面

奥氏黄檀

Dalbergia oliveri

Burma tulipwood

树 木 分 类 豆科（Leguminosae）黄檀属（*Dalbergia*）

树 木 分 布 泰国、缅甸和老挝

树木形态特征 乔木，高达 25 m，通常 18~24 m，胸径达 2 m，通常 0.5 m。

木材主要特征 阔叶树材。心材新切面柠檬红色、红褐色至深红褐色，常带明显的黑色条纹；边材黄白色，与心材区别明显。木材新切面有酸香气或微弱。木材结构细；纹理通常直或交错。木材重硬；气干密度约 1.04 g/cm^3。

木材鉴别要点 散孔材或近半环孔材。生长轮明显或略显；肉眼下管孔颇明显，数甚少至略少；轴向薄壁组织数多，肉眼下明显，为带状；放大镜下木射线可见。

木制品类型 家具、工艺品

保 护 级 别 CITES 附录Ⅱ（注释 15）

奥氏黄檀与相似木材的主要区别

	材色	轴向薄壁组织
奥氏黄檀	心材新切面柠檬红色、红褐色至深红褐色，常带明显的黑色条纹	带状，与木射线交叉网状明显
（1）马达加斯加鲍古豆 ***Bobgunnia madagascariensis***	心材红褐色，常具深浅相间条纹	宽带状
（2）伯克苏木 ***Burkea africana***	心材紫红褐色，常具深浅相间带状条纹	较丰富，环管状、翼状、聚翼状、轮界状
（3）降香黄檀 ***Dalbergia odorifera***	心材红褐色至深红褐或紫红褐色，深浅不均匀，常杂有黑褐色条纹	量多，带状、环管状、翼状
（4）微凹黄檀 ***Dalbergia retusa***	心材新切面橙黄色明显，久置呈红褐色、紫红褐色，常带黑色条纹	带状、翼状、环管状
（5）印度黄檀 ***Dalbergia sissoo***	心边材区别明显，心材紫红褐色，有黑色条纹	翼状、聚翼状、带状、轮界状

Dalbergia oliveri
Black Rosewood
FABACEAE
India to Pen. Malaysia

奥氏黄檀　木材纵切面

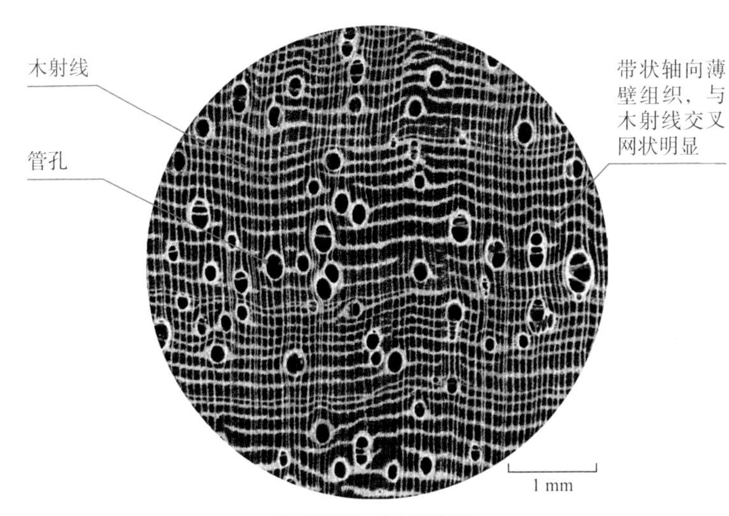

奥氏黄檀　木材横切面

马达加斯加鲍古豆

Bobgunnia madagascariensis

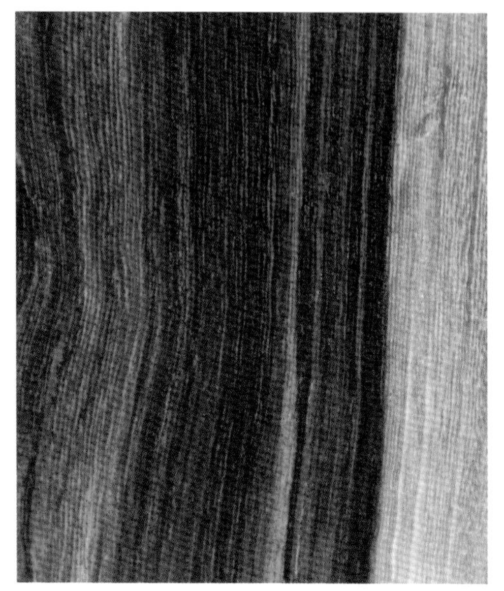

马达加斯加鲍古豆　木材纵切面

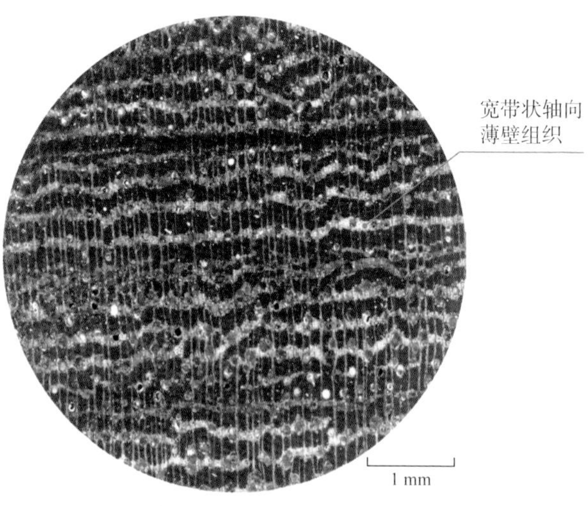

马达加斯加鲍古豆　木材横切面

伯克苏木 *Burkea africana*

伯克苏木　木材纵切面

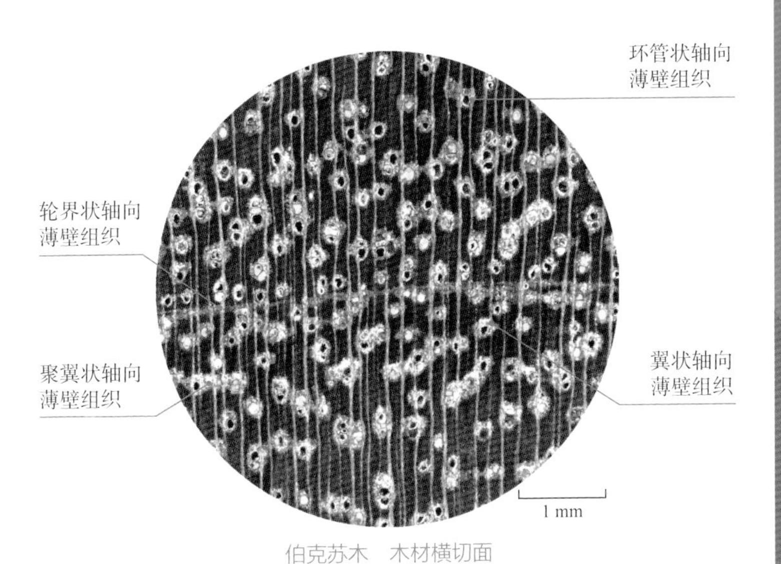

伯克苏木　木材横切面

降香黄檀 *Dalbergia odorifera*

降香黄檀　木材纵切面

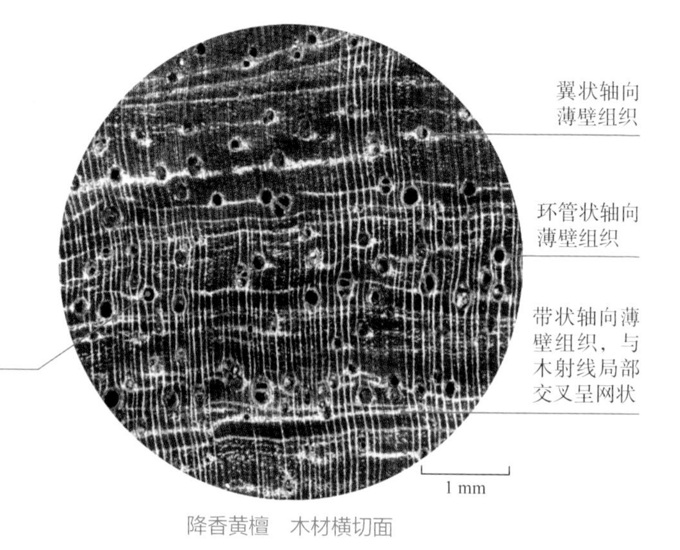

降香黄檀　木材横切面

微凹黄檀 *Dalbergia retusa*

微凹黄檀　木材纵切面

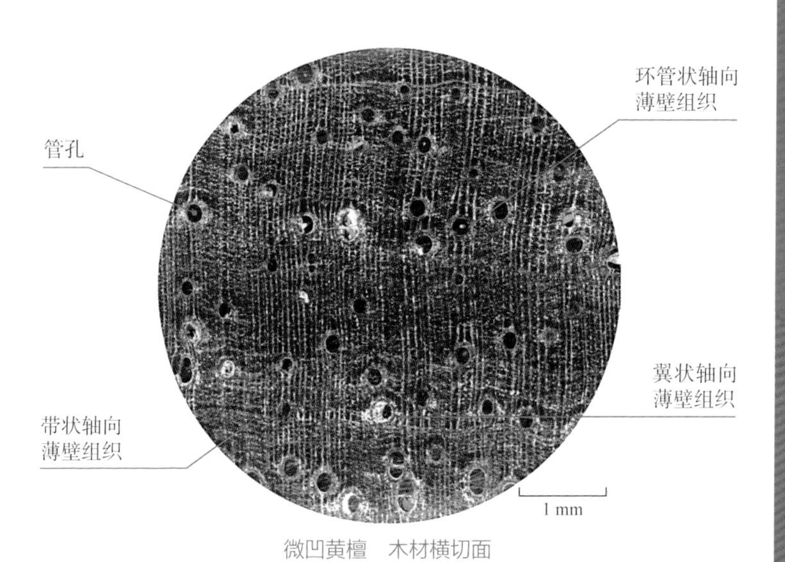

微凹黄檀　木材横切面

印度黄檀 *Dalbergia sissoo*

印度黄檀　木材纵切面

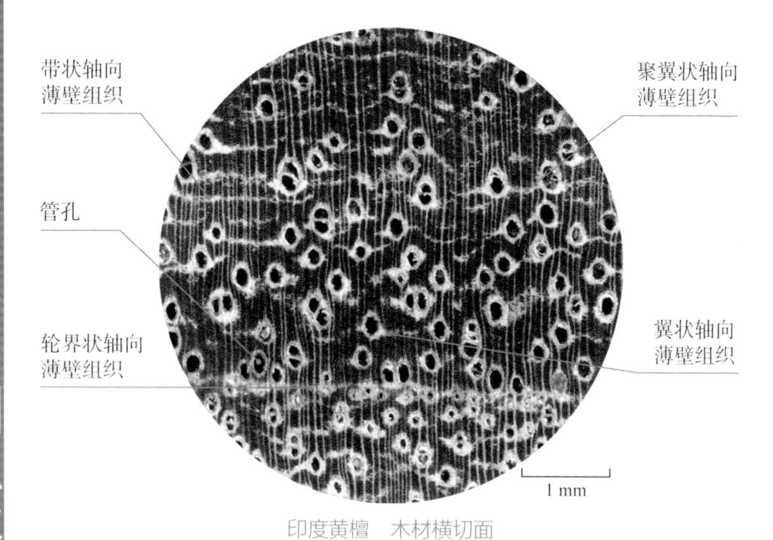

印度黄檀　木材横切面

微凹黄檀

Dalbergia retusa

Cocobolo

树木分类 豆科（Leguminosae）黄檀属（*Dalbergia*）

树木分布 墨西哥至巴拿马

树木形态特征 乔木，高达 13~18 m，胸径达 0.5 m 或以上。

木材主要特征 阔叶树材。心材新锯解时橙黄色明显，久置呈红褐色、紫红褐色，常带黑色条纹；边材浅黄白色，与心材区别明显。木材新切面有辛辣气味。木材结构细而均匀；纹理直至交错。木材重硬；气干密度大于 1.0 g/cm^3。

木材鉴别要点 散孔材。放大镜下管孔明显，数甚少；轴向薄壁组织可见，环管状、翼状及带状；木射线略明显，密，甚窄；波痕不明显。

木制品类型 原木、锯材、家具、乐器部件、工艺品等

保护级别 CITES 附录Ⅱ（注释 15）

微凹黄檀与相似木材的主要区别

	材色	管孔分布	轴向薄壁组织
微凹黄檀	心材新切面橙黄色明显，久置呈红褐色、紫红褐色，常带黑色条纹	散孔材	带状、翼状、环管状
（1）**交趾黄檀** ***Dalbergia cochinchinensis***	心材从浅红紫色到暗红褐色，具黑褐色或栗褐色条纹	散孔材	带状、环管状、翼状
（2）**伯利兹黄檀** ***Dalbergia stevensonii***	心材浅红褐色，具深浅相间条纹	近半环孔材	环管状、翼状、带状、轮界状
（3）**危地马拉黄檀** ***Dalbergia tucurensis***	心材暗红褐色或深红棕色，具黑色条纹	散孔材	带状、环管状、翼状

微凹黄檀　木材纵切面

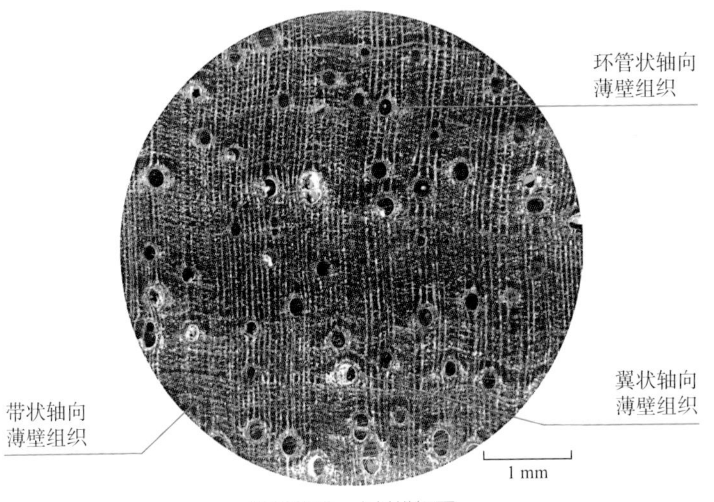

微凹黄檀　木材横切面

交趾黄檀 *Dalbergia cochinchinensis*

交趾黄檀　木材纵切面

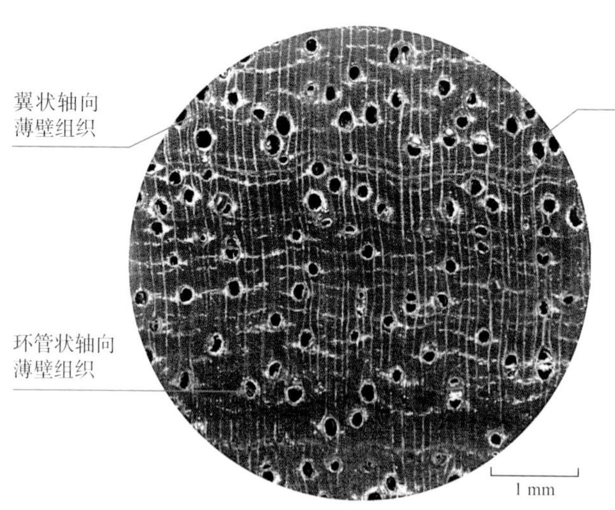

交趾黄檀　木材横切面

伯利兹黄檀 *Dalbergia stevensonii*

伯利兹黄檀　木材纵切面

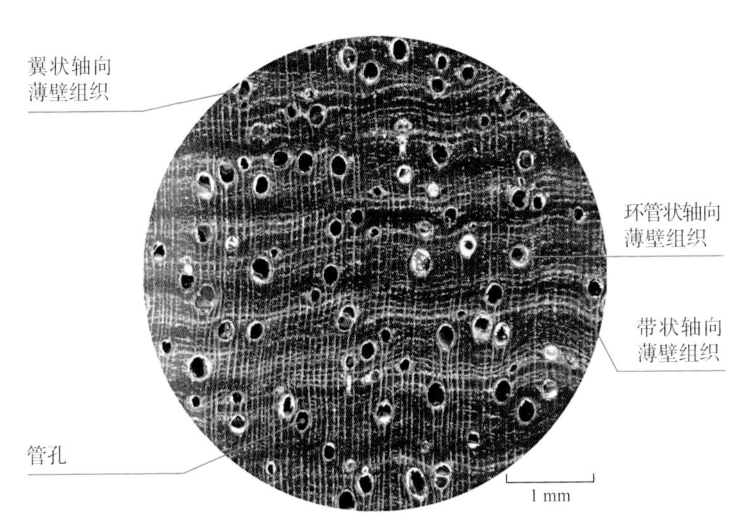

伯利兹黄檀　木材横切面

危地马拉黄檀 *Dalbergia tucurensis*

危地马拉黄檀　木材纵切面

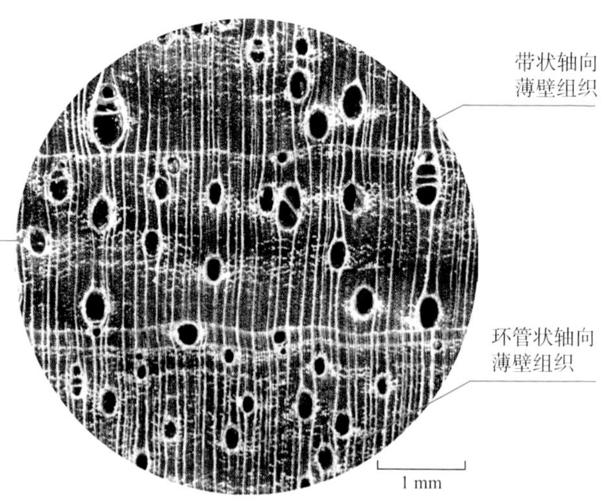

危地马拉黄檀　木材横切面

伯利兹黄檀

Dalbergia stevensonii

Honduras rosewood

树 木 分 类 豆科（Leguminosae）黄檀属（*Dalbergia*）

树 木 分 布 伯利兹等中美洲国家

树木形态特征 乔木，高达 15~30 m，胸径达 0.9 m。

木材主要特征 阔叶树材。心材浅红褐色，具深浅相间条纹；边材色浅。木材新切面略具香气，久置则消失。木材结构细，略均匀；纹理直至略交错。木材重硬；气干密度 0.93~1.19 g/cm³。

木材鉴别要点 近半环孔材。生长轮明显；放大镜下管孔明显，数略少；轴向薄壁组织丰富，环管状、翼状、带状及轮界状；木射线明显，略密，甚窄；波痕略明显。

木制品类型 原木、锯材、家具、乐器部件、工艺品等

保 护 级 别 CITES 附录Ⅱ（注释 15）

伯利兹黄檀与相似木材的主要区别

	材色	管孔分布	轴向薄壁组织
伯利兹黄檀	心材浅红褐色，具深浅相间条纹	近半环孔材	环管状、翼状、带状、轮界状
（1）**大果阿那豆** ***Anadenanthera macrocarpa***	心材浅褐色至粉红褐色，具黑色带状条纹	散孔材	环管状、翼状、聚翼状、轮界状
（2）**中美洲黄檀** ***Dalbergia granadillo***	心材新切面暗红褐色、橘红褐色至深红褐色，常带黑色条纹	散孔材	翼状、带状
（3）**阔叶黄檀** ***Dalbergia latifolia***	心材浅金褐色、黑褐色、紫褐色或深紫红色，常有较宽但相距较远的紫黑色条纹	散孔材	翼状、聚翼状、带状
（4）**危地马拉黄檀** ***Dalbergia tucurensis***	心材暗红褐色或深红棕色，具黑色条纹	散孔材	带状、环管状、翼状
（5）**硬木军刀豆** ***Machaerium scleroxylon***	心材紫褐色，具深浅相间条纹	散孔材	翼状、带状、轮界状

伯利兹黄檀　木材纵切面

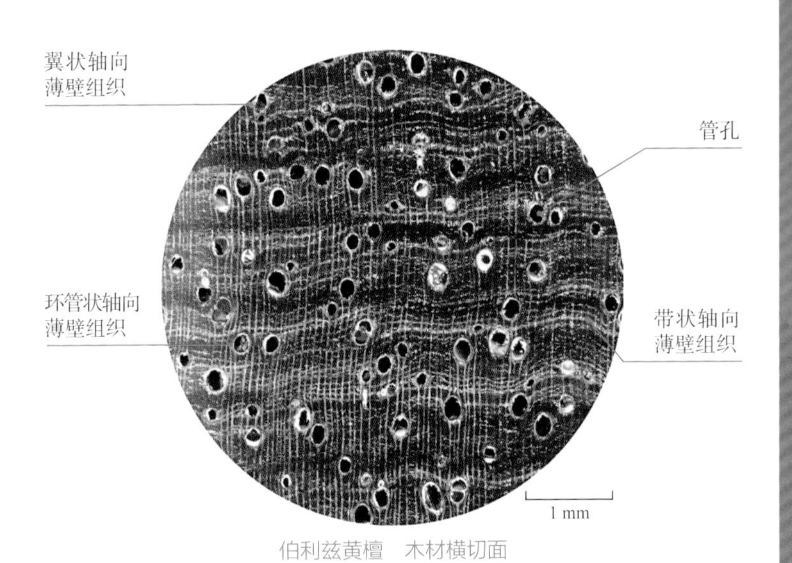

伯利兹黄檀　木材横切面

大果阿那豆 *Anadenanthera macrocarpa*

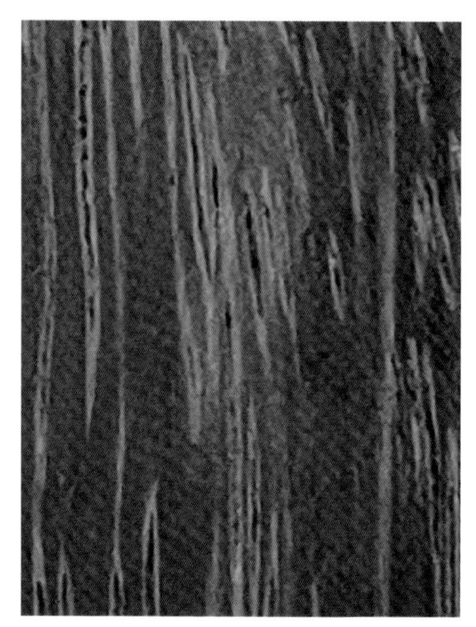

大果阿那豆　木材纵切面

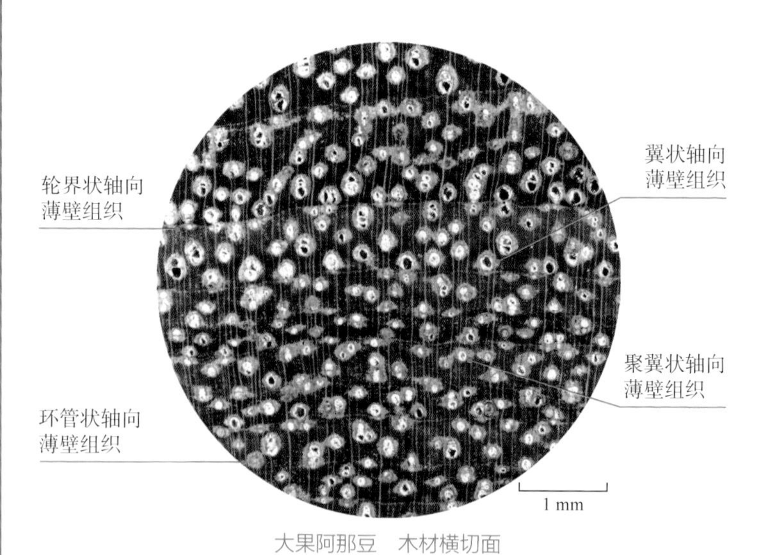

大果阿那豆　木材横切面

中美洲黄檀 *Dalbergia granadillo*

中美洲黄檀　木材纵切面

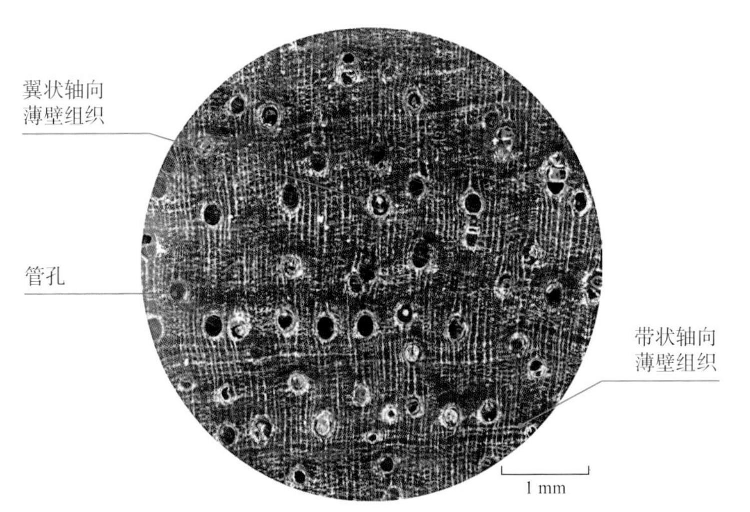

中美洲黄檀　木材横切面

阔叶黄檀 *Dalbergia latifolia*

阔叶黄檀　木材纵切面

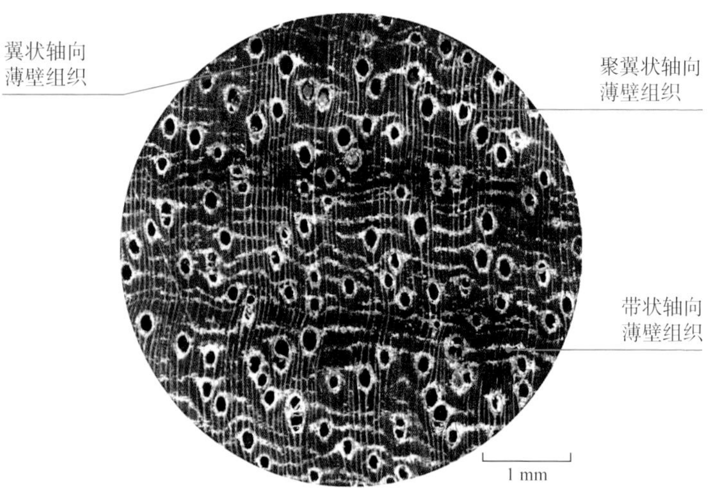

阔叶黄檀　木材横切面

危地马拉黄檀 *Dalbergia tucurensis*

危地马拉黄檀　木材纵切面

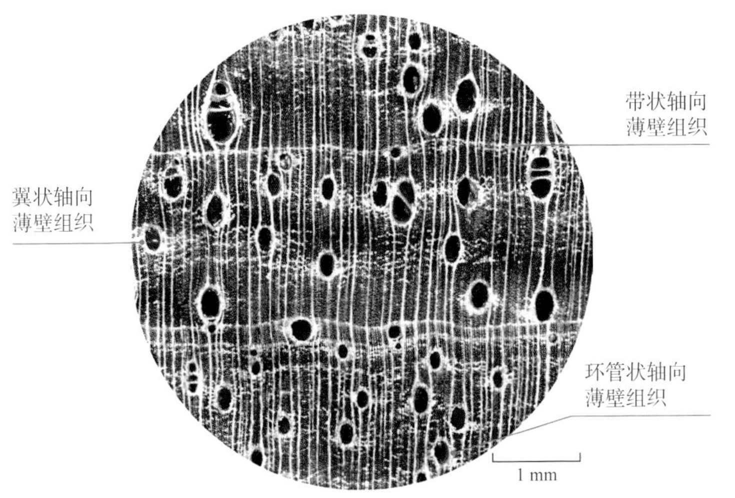

危地马拉黄檀　木材横切面

硬木军刀豆 *Machaerium scleroxylon*

硬木军刀豆　木材纵切面

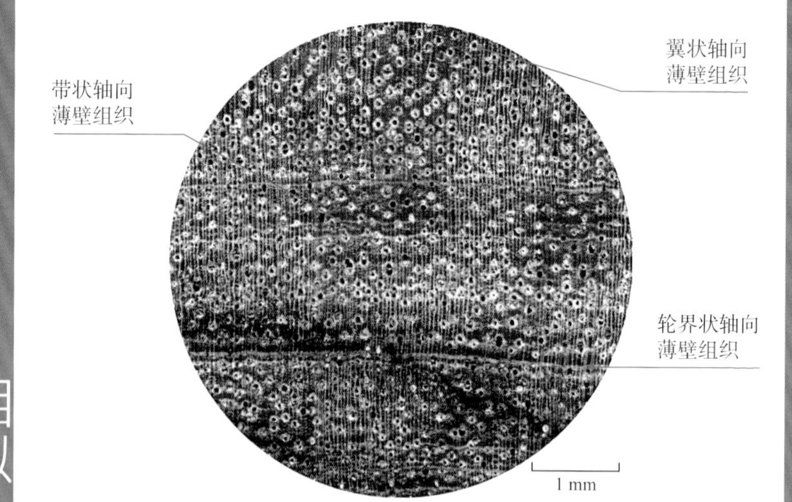

硬木军刀豆　木材横切面

水曲柳
Fraxinus mandshurica
Manchurian ash

树 木 分 类 木犀科（Oleaceae）梣属（*Fraxinus*）

树 木 分 布 中国（东北及华北）、俄罗斯、朝鲜、日本等

树木形态特征 乔木，高达 35 m，胸径 1 m。树皮灰白色，纵横开裂。

木材主要特征 阔叶树材。心材灰褐色或浅栗褐色；边材黄白色或浅黄褐色，与心材区别明显。木材具光泽；无特殊气味和滋味。木材结构较粗；纹理直。木材重量和强度中等；气干密度 0.64~0.69 g/cm^3。

木材鉴别要点 环孔材。生长轮明显；早材管孔中至略大，肉眼下明显；连续排列成明显早材带，通常宽 2~4 列管孔；侵填体在心材可见；早材至晚材急变；晚材管孔略少，甚小至略小，放大镜下略明显，散生或短斜列；轴向薄壁组织明显，环管状、轮界状，在生长轮末端呈带状；木射线稀至中，极细至略细，肉眼下径切面上具射线斑纹。

木制品类型 家具、体育用具、室内装修、乐器、农具、工艺品等

保 护 级 别 CITES 附录Ⅲ（俄罗斯种群，注释 5）

水曲柳与相似木材的主要区别

	材色	管孔排列	轴向薄壁组织	宽木射线	气干密度 (g/cm^3)
水曲柳	心材灰褐色或浅栗褐色，边材黄白色或浅黄褐色，与心材区别明显	早材管孔连续排列成明显早材带，晚材管孔散生或短斜列	环管状、轮界状	无	0.64~0.69
（1）美国白蜡木 *Fraxinus americana*	心材为棕色或深褐色，边材黄白色	早材管孔连续排列成早材带，晚材管孔散生	环管状、翼状、聚翼状、轮界状	无	0.50~0.85
（2）白蜡木 *Fraxinus chinensis*	心材浅黄褐色或浅褐色，心边材区别不明显	早材管孔连续排列成早材带，晚材管孔散生或斜列	轮界状、带状、翼状	无	约 0.66
（3）麻栎 *Quercus acutissima*	心材浅红褐色，边材暗黄褐色或灰黄褐色，与心材区别明显	早材管孔连续排列成明显早材带，晚材管孔径列	带状	有	0.92~0.93
（4）蒙古栎 *Quercus mongolica*	心材黄褐色或浅栗褐色，边材浅黄褐色，与心材区别通常明显	早材管孔连续排列成早材带，晚材管孔呈火焰状径列	带状	有	0.77~0.83

水曲柳　木材纵切面

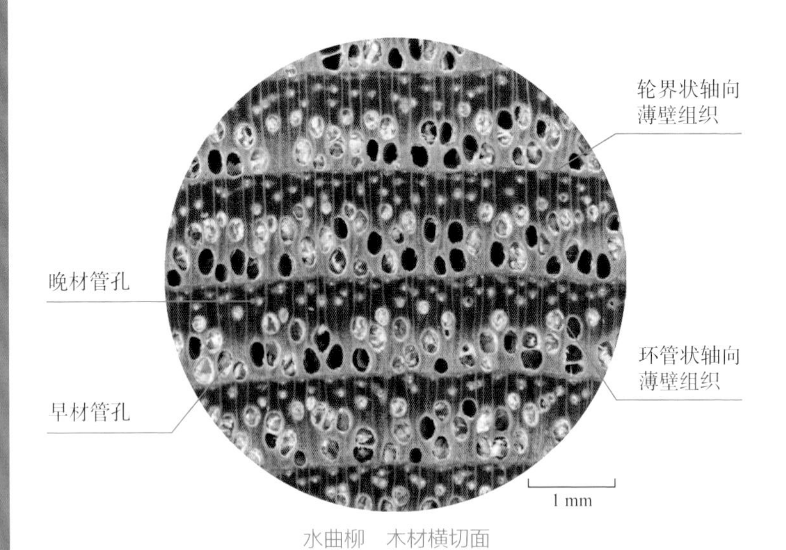

水曲柳　木材横切面

美国白蜡木 *Fraxinus americana*

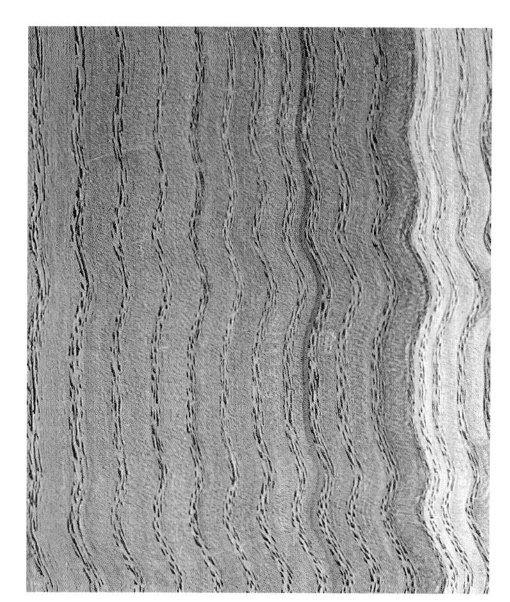

美国白蜡木　木材纵切面

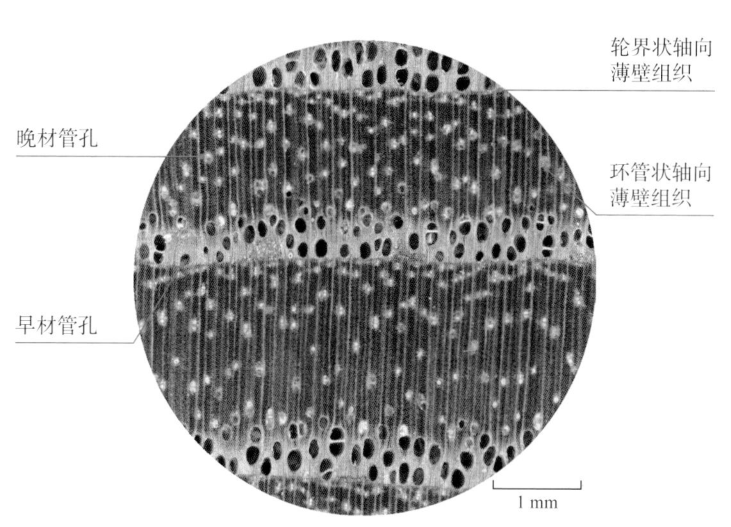

美国白蜡木　木材横切面

白蜡木 *Fraxinus chinensis*

白蜡木　木材纵切面

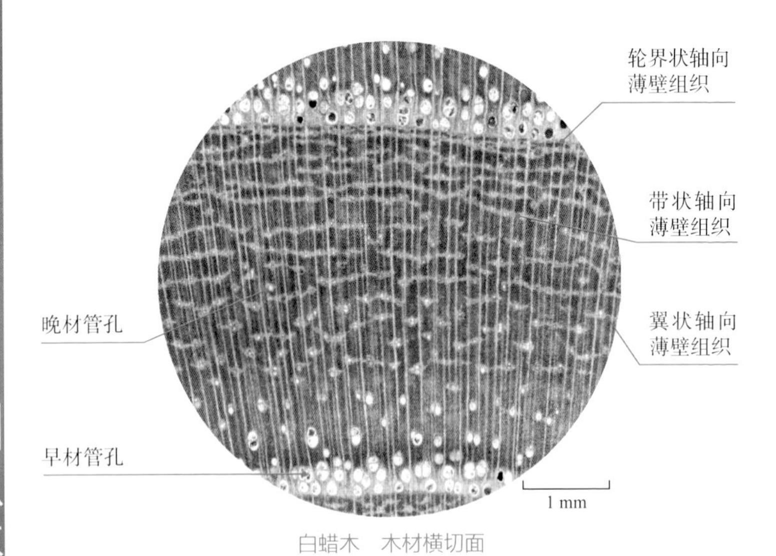

白蜡木　木材横切面

麻栎 *Quercus acutissima*

麻栎　木材纵切面

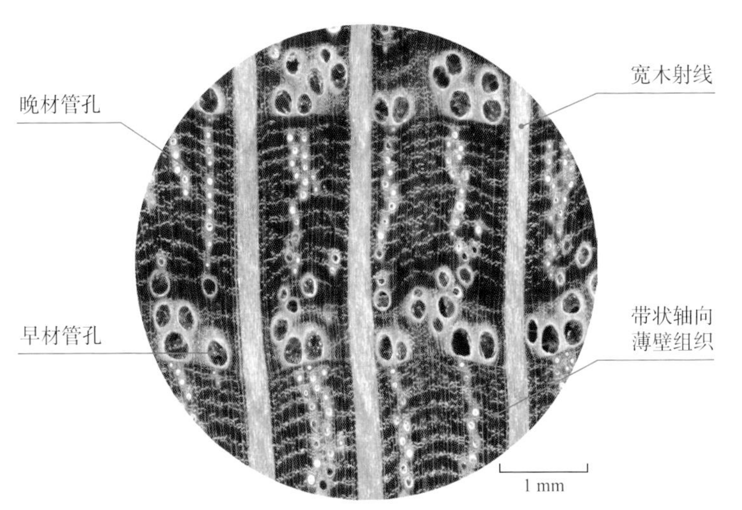

麻栎　木材横切面

蒙古栎 *Quercus mongolica*

蒙古栎　木材纵切面

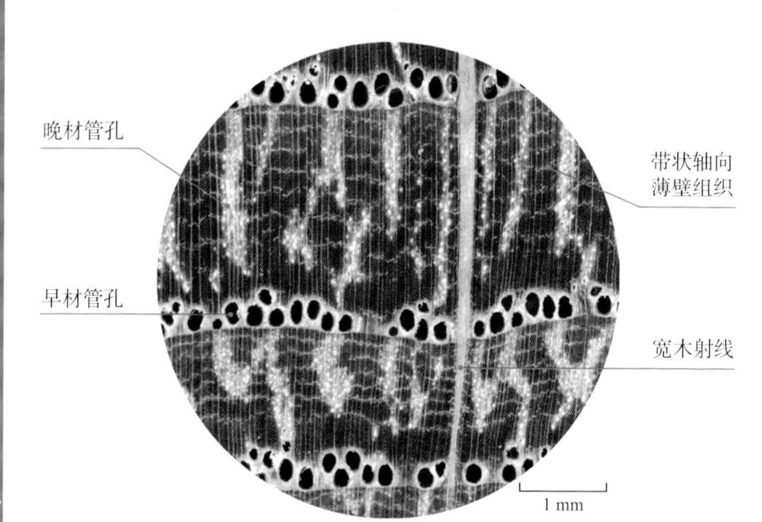

蒙古栎　木材横切面

邦卡棱柱木

Gonystylus bancanus

Ramin melawis

树 木 分 类 瑞香科（Thymelaeaceae）棱柱木属（*Gonystylus*）

树 木 分 布 马来西亚、印度尼西亚、文莱等东南亚国家

树木形态特征 乔木，高 20~30 m，胸径 0.6~1.0 m。

木材主要特征 阔叶树材。木材白色或草黄色，心边材区别不明显；无内涵韧皮部。木材具光泽。木材结构细，均匀；纹理略交错。气干密度约 0.66 g/cm^3。

木材鉴别要点 散孔材。导管大部分单管孔，极少数径列复管孔，略小，数量略少，肉眼下略见，放大镜下明显；轴向薄壁组织明显，翼状，少数为聚翼状及不规则带状；木射线中至略密，甚窄。

木制品类型 室内装修、家具、板材、工艺品、玩具等

保 护 级 别 CITES 附录Ⅱ（注释 4）

邦卡棱柱木与相似木材的主要区别

	材色	管孔
邦卡棱柱木	白色或草黄色	略少，略小
（1）**麦粉饱食桑** ***Brosimum alicastrum***	黄褐色	较小但多
（2）**良木饱食桑** ***Brosimum utile***	黄褐色	较大且少
（3）**南洋楹** ***Falcataria moluccana***	浅褐带粉	较大且少
（4）**柯比蓝花楹** ***Jacaranda copaia***	黄褐色	较大且少

邦卡棱柱木　木材纵切面

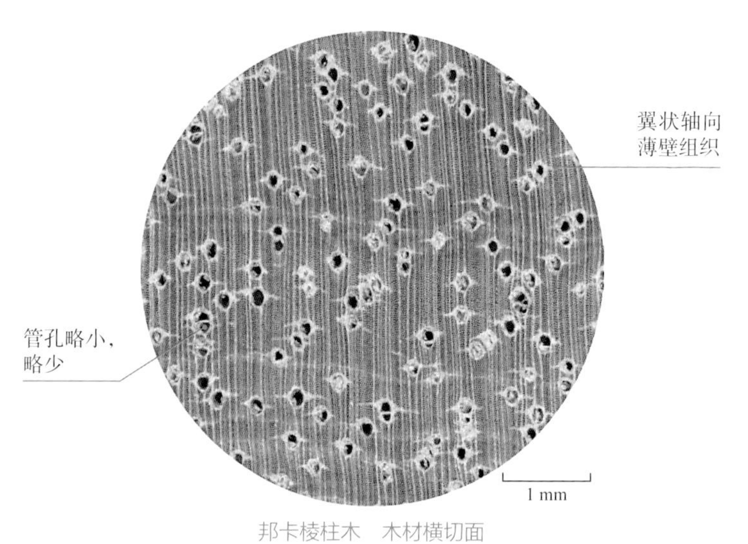

邦卡棱柱木　木材横切面

麦粉饱食桑 *Brosimum alicastrum*

麦粉饱食桑　木材纵切面

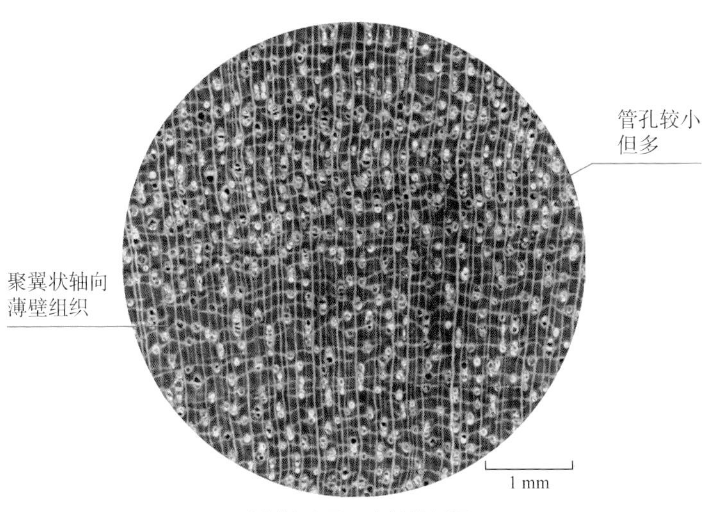

麦粉饱食桑　木材横切面

良木饱食桑 *Brosimum utile*

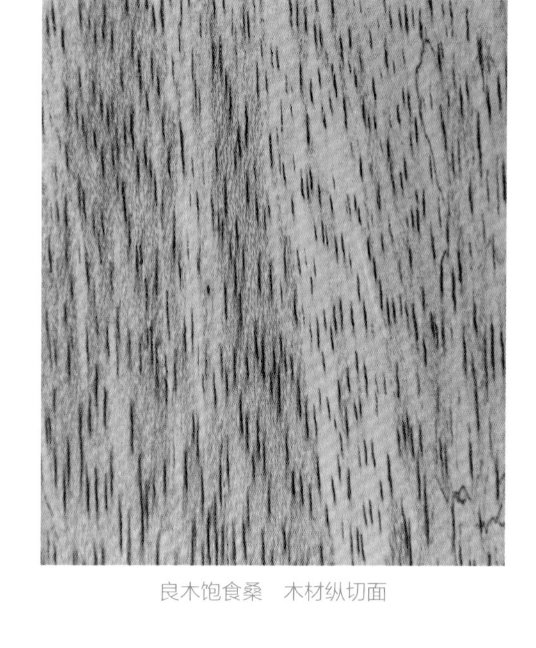

良木饱食桑　木材纵切面

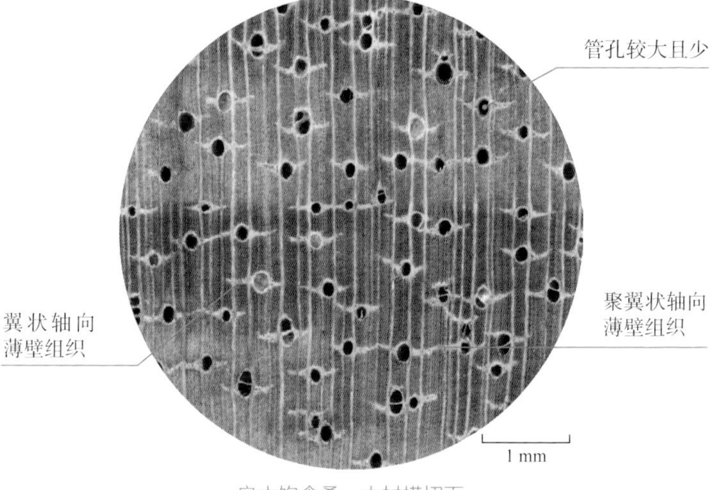

良木饱食桑　木材横切面

南洋楹 *Falcataria moluccana*

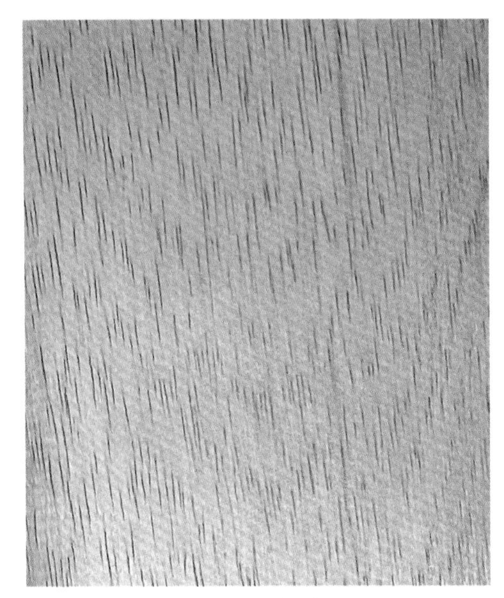

南洋楹　木材纵切面

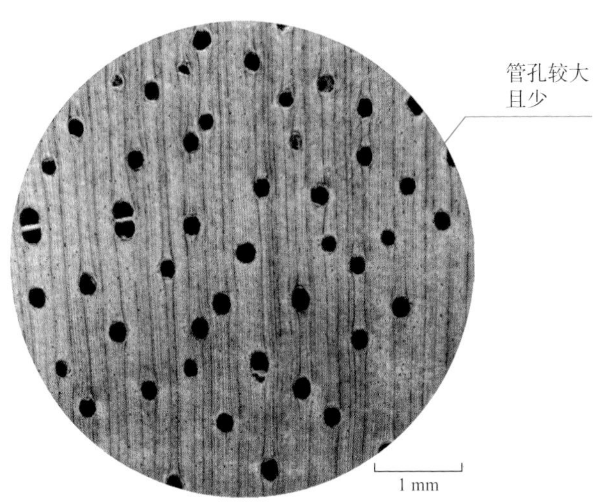

南洋楹　木材横切面

柯比蓝花楹 *Jacaranda copaia*

柯比蓝花楹　木材纵切面

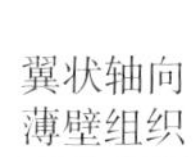

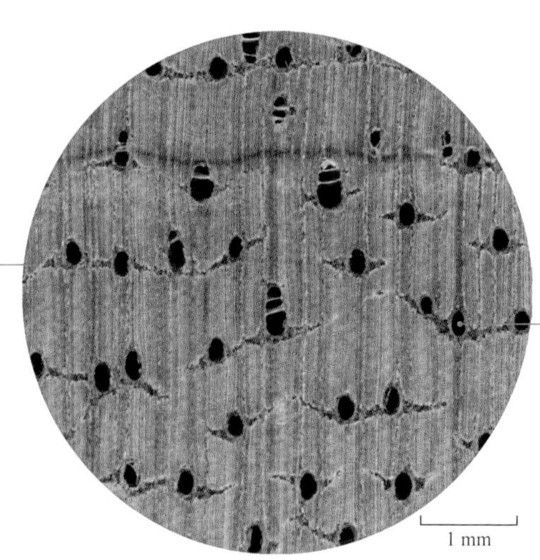

柯比蓝花楹　木材横切面

神圣愈疮木

Guaiacum sanctum

Lignum vitae

树 木 分 类 蒺藜科（Zygophyllaceae）愈疮木属（*Guaiacum*）

树 木 分 布 西印度群岛、墨西哥及南美洲热带地区

树木形态特征 乔木，树高 2~3 m，胸径约 0.3 m。

木材主要特征 阔叶树材。心材黄褐色至暗绿褐色，并带黑色条纹；木材结构细而均；纹理直。木材重硬；气干密度 1.10~1.13 g/cm^3。

木材鉴别要点 散孔材。单管孔；管孔分散，较小，肉眼下不易见，内含物丰富；放大镜下轴向薄壁组织不可见；木射线叠生，细。

木制品类型 原木、锯材、工艺品、地板、车旋制品等

保 护 级 别 CITES 附录Ⅱ（注释 2）

神圣愈疮木与相似木材的主要区别

	材色	气味	管孔
神圣愈疮木	心材黄褐色至暗绿褐色，并带黑色条纹	微弱香气	分散，较小，内含物丰富
（1）萨米维腊木 *Bulnesia sarmientoi*	心材深橄榄绿色或深褐色，具灰黑色条纹	具水果香气	小，数多，内含物丰富
（2）药用愈疮木 *Guaiacum officinale*	心材深褐色至黑褐色，并带黑色条纹	微弱香气	分散，数少，较小，内含物丰富
（3）齿叶风铃木 *Handroanthus serratifolius*	心材浅或深橄榄褐色，具深浅相间条纹	无	较大，内含物丰富

神圣愈疮木　木材纵切面

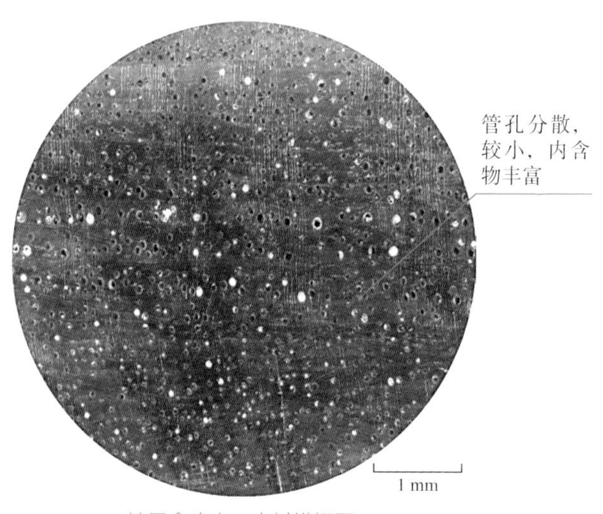

神圣愈疮木　木材横切面

萨米维腊木 *Bulnesia sarmientoi*

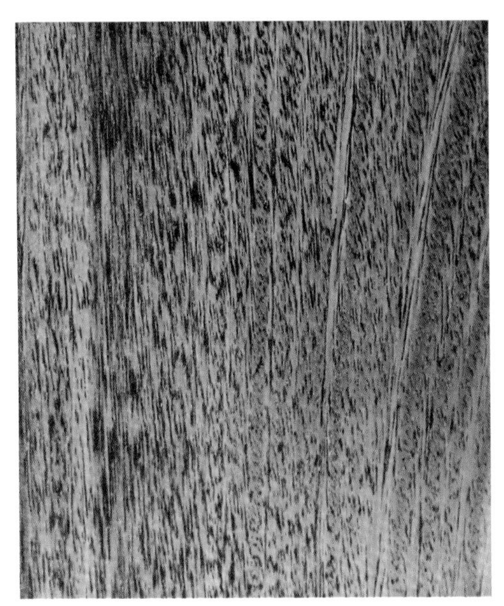

萨米维腊木　木材纵切面

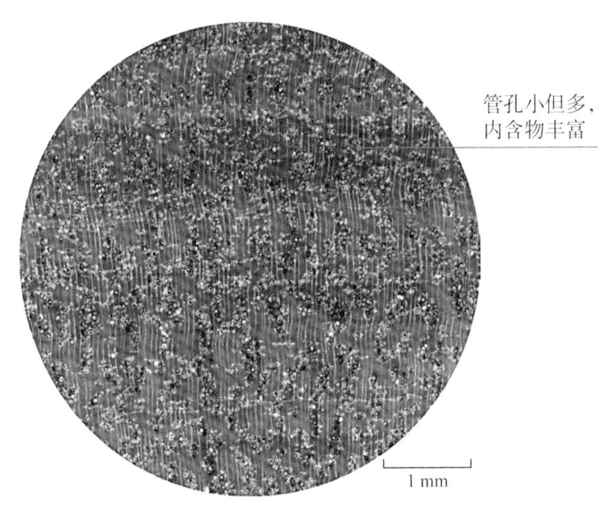

萨米维腊木　木材横切面

药用愈疮木 *Guaiacum officinale*

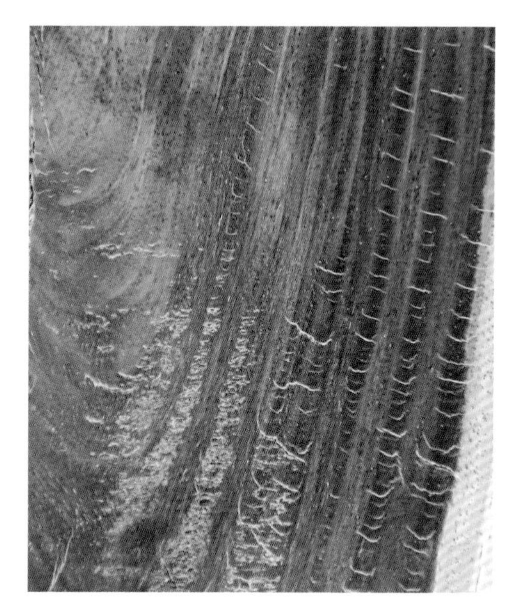

药用愈疮木　木材纵切面

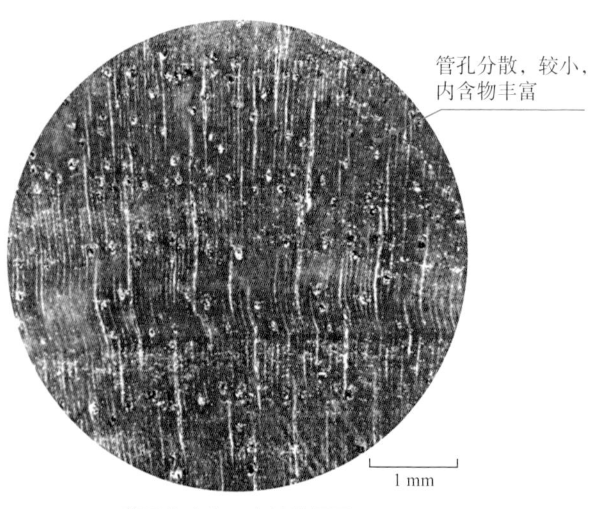

药用愈疮木　木材横切面

齿叶风铃木 *Handroanthus serratifolius*

齿叶风铃木　木材纵切面

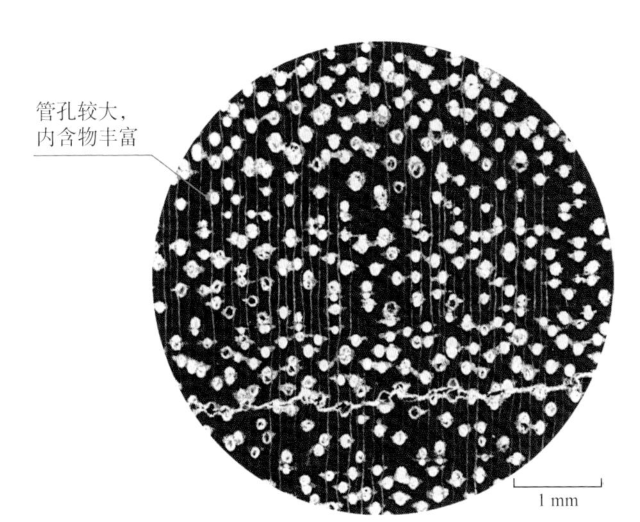

齿叶风铃木　木材横切面

德米古夷苏木

Guibourtia demeusei

Cameroons copal, Congo copal, Ebana, Paka

树木分类 豆科（Leguminosae）古夷苏木属（*Guibourtia*）

树木分布 喀麦隆、中非、刚果（金）、加蓬等非洲国家

树木形态特征 乔木，高达 39 m，胸径达 1.2 m。

木材主要特征 阔叶树材。心材褐色或红褐色；边材色浅，与心材区别明显。木材具光泽。木材结构细，均匀；纹理直或略斜。木材较重硬；气干密度 0.78~1.14 g/cm^3。

木材鉴别要点 散孔材。放大镜下管孔可见，单管孔，散生，含红色或黑色内含物；轴向薄壁组织明显，为翼状、聚翼状、轮界状；木射线明显，略密，窄。

木制品类型 原木、锯材、家具、地板、装饰单板、乐器、生活器具等

保护级别 CITES 附录Ⅱ（注释 15）

德米古夷苏木与相似木材的主要区别

	材色	轴向薄壁组织
德米古夷苏木	心材褐色或红褐色，边材色浅，与心材区别明显	翼状、聚翼状、轮界状
（1）可乐豆 *Colophospermum mopane*	心材红褐色，边材色浅，与心材区别明显	环管状
（2）爱里古夷苏木 *Guibourtia ehie*	心材黄褐色至巧克力色，具深色条纹，边材黄白色，与心材区别明显	翼状、轮界状
（3）佩莱古夷苏木 *Guibourtia pellegriniana*	心材红褐色，具紫色条纹，边材近白色，与心材区分明显	翼状、轮界状
（4）亲叶苏木 *Hymenaea courbaril*	心材红褐色，常具深浅条纹，边材灰白色，与心材区别明显	环管状、翼状、轮界状

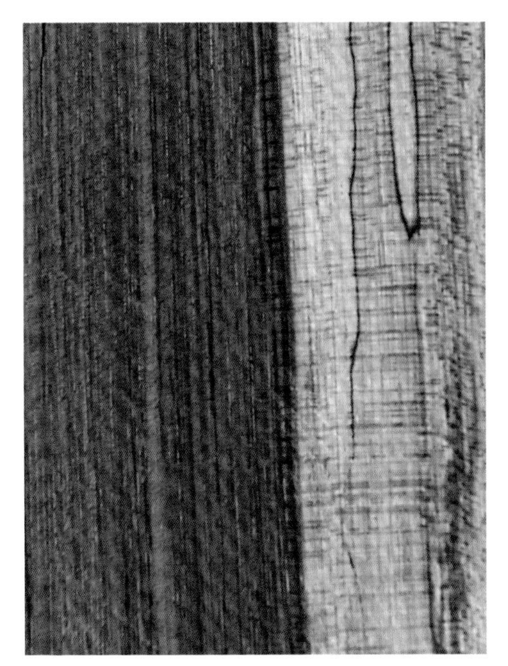

德米古夷苏木　木材纵切面

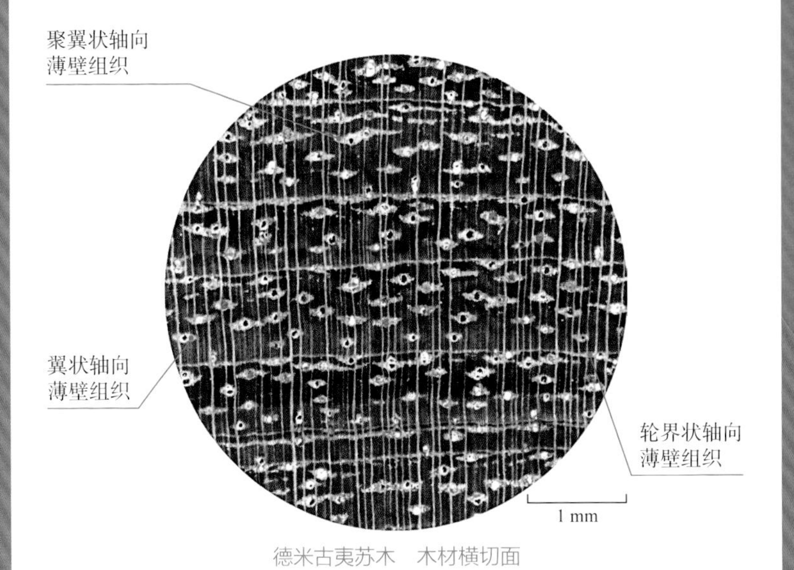

德米古夷苏木　木材横切面

可乐豆 *Colophospermum mopane*

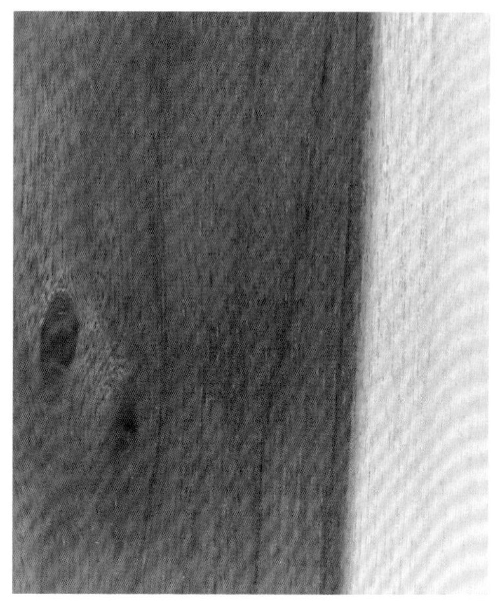

可乐豆　木材纵切面

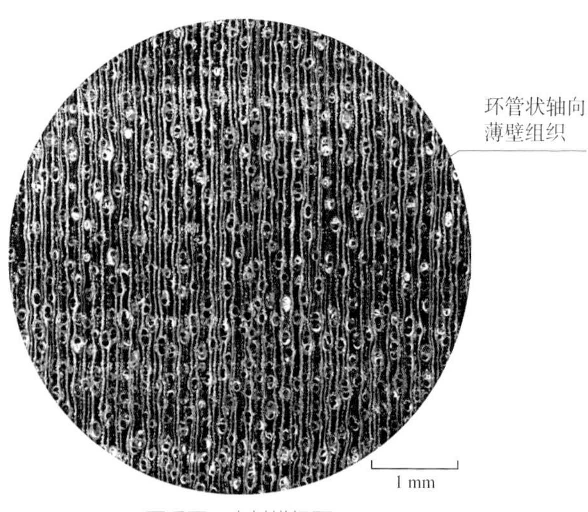

可乐豆　木材横切面

爱里古夷苏木 *Guibourtia ehie*

爱里古夷苏木　木材纵切面

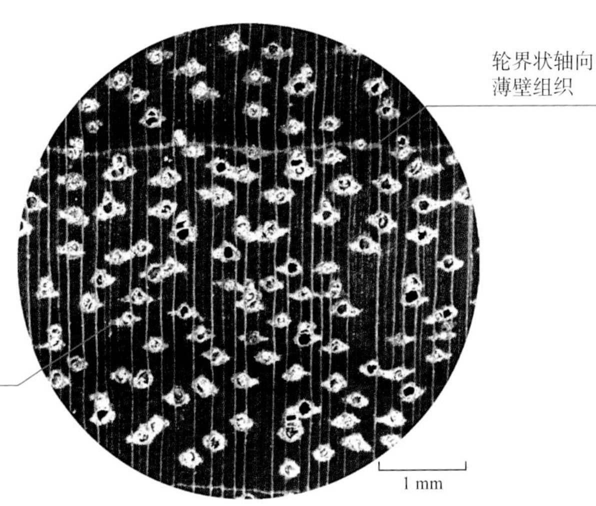

爱里古夷苏木　木材横切面

佩莱古夷苏木 *Guibourtia pellegriniana*

佩莱古夷苏木　木材纵切面

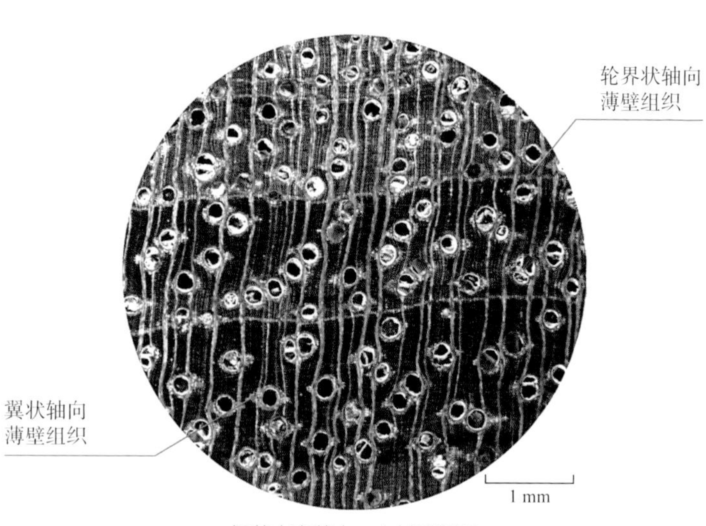

佩莱古夷苏木　木材横切面

栾叶苏木 *Hymenaea courbaril*

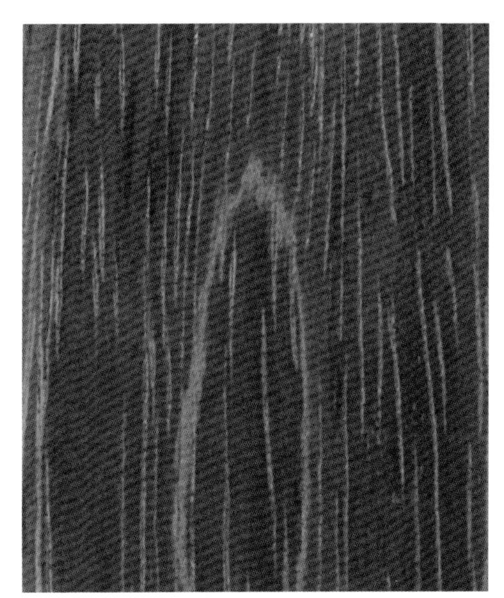

栾叶苏木　木材纵切面

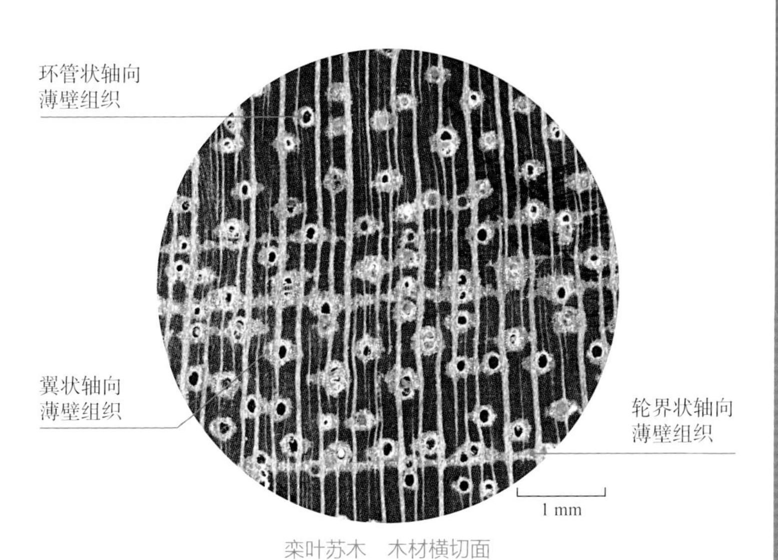

栾叶苏木　木材横切面

特氏古夷苏木

Guibourtia tessmannii

Bubinga

树 木 分 类 豆科（Leguminosae）古夷苏木属（*Guibourtia*）

树 木 分 布 喀麦隆、赤道几内亚、加蓬、刚果（金）等

树木形态特征 乔木，树干通直，高达 16 ~20 m，胸径 0.8 ~1.5 m；常有较大板根，高达 3 m。

木材主要特征 阔叶树材。心材红褐色；边材奶油色，与心材区别明显。木材具光泽。木材结构细、均匀；纹理直或略交错。木材较重硬；气干密度 0.87~0.91 g/cm^3。

木材鉴别要点 散孔材。放大镜下管孔明显，散生，甚少至少，大小中等；轴向薄壁组织环管状、翼状及轮界状；木射线可见，密度稀，窄。

木 制 品 类 型 原木、锯材、家具、装饰单板、地板、生活器具、工艺品等

保 护 级 别 CITES 附录Ⅱ（注释 15）

特氏古夷苏木与相似木材的主要区别

	材色	轴向薄壁组织
特氏古夷苏木	心材红褐色，边材奶油色	轮界状、翼状
（1）奥氏西非苏木 *Daniellia oliveri*	心材红褐色，边材浅褐色	带状、环管状
（2）阿诺古夷苏木 *Guibourtia arnoldiana*	心材浅黄褐色至红褐色，有时具灰色，边材黄白色	翼状、聚翼状、轮界状
（3）鞘籽古夷苏木 *Guibourtia coleosperma*	心材红褐色，边材色略浅	环管状、轮界状、翼状
（4）成对古夷苏木 *Guibourtia conjugata*	心材红褐色，边材浅粉褐色	带状、翼状、聚翼状、环管状、轮界状
（5）栾叶苏木 *Hymenaea courbaril*	心材红褐色，常具深浅条纹，边材灰白色	环管状、翼状、轮界状
（6）厚腔苏木 *Pachyelasma tessmannii*	心材暗红褐色，边材色浅	带状

特氏古夷苏木　木材纵切面

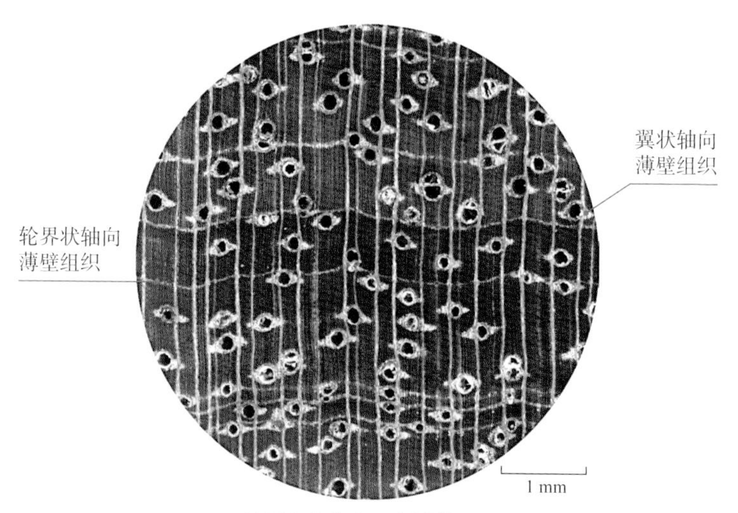

特氏古夷苏木　木材横切面

奥氏西非苏木 *Daniellia oliveri*

奥氏西非苏木　木材纵切面

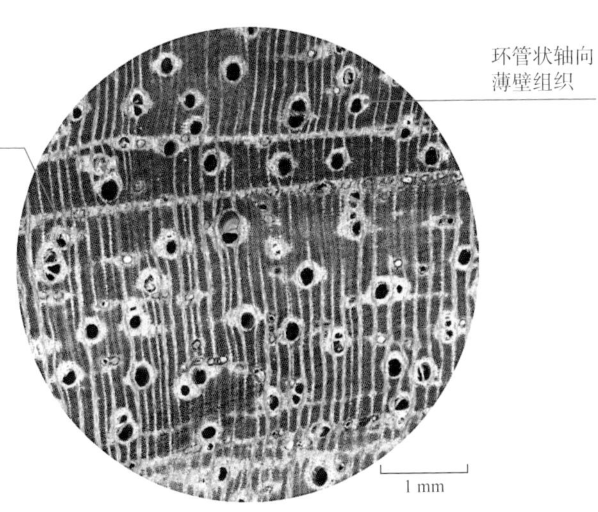

奥氏西非苏木　木材横切面

阿诺古夷苏木 *Guibourtia arnoldiana*

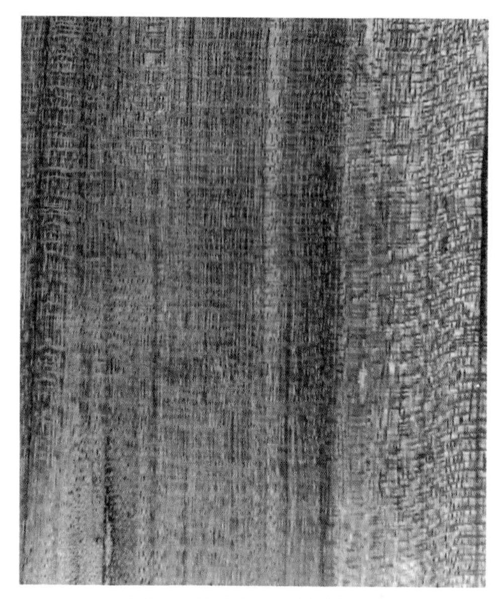

阿诺古夷苏木　木材纵切面

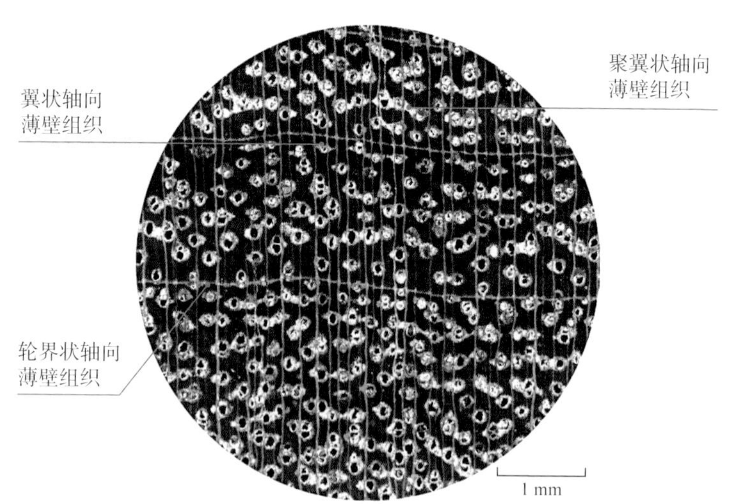

阿诺古夷苏木　木材横切面

鞘籽古夷苏木 *Guibourtia coleosperma*

鞘籽古夷苏木　木材纵切面

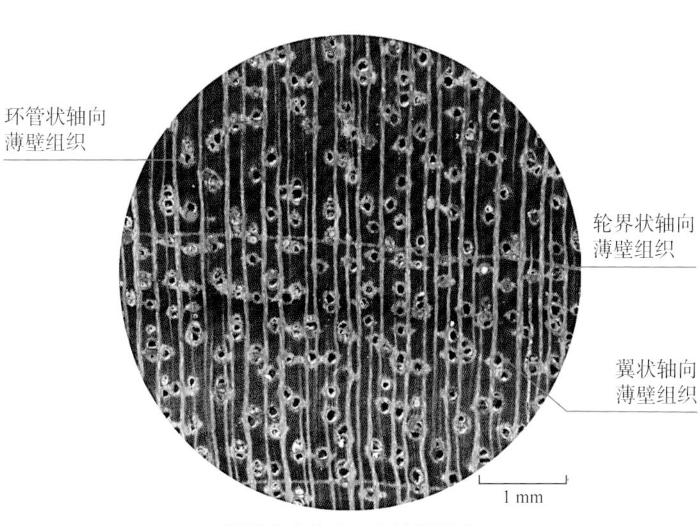

鞘籽古夷苏木　木材横切面

成对古夷苏木 *Guibourtia conjugata*

成对古夷苏木　木材纵切面

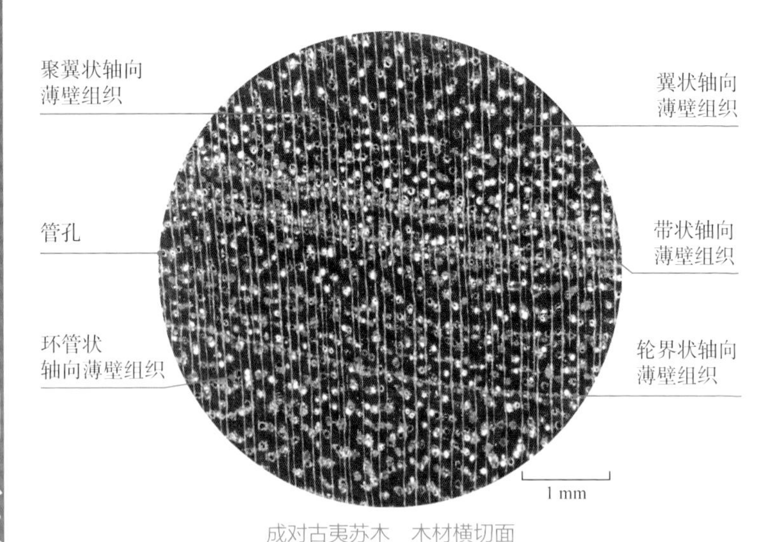

成对古夷苏木　木材横切面

栾叶苏木 *Hymenaea courbaril*

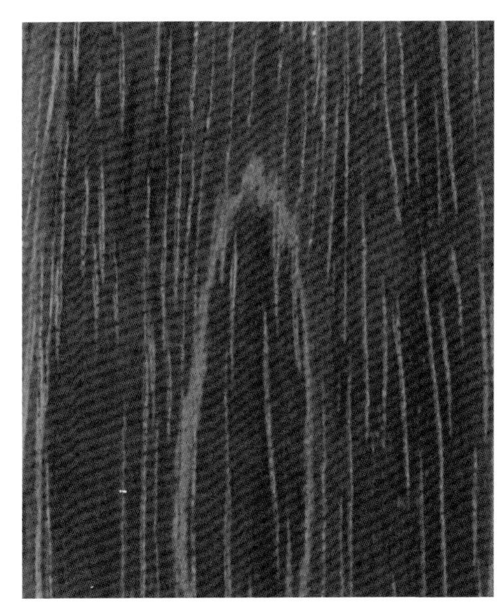

栾叶苏木　木材纵切面

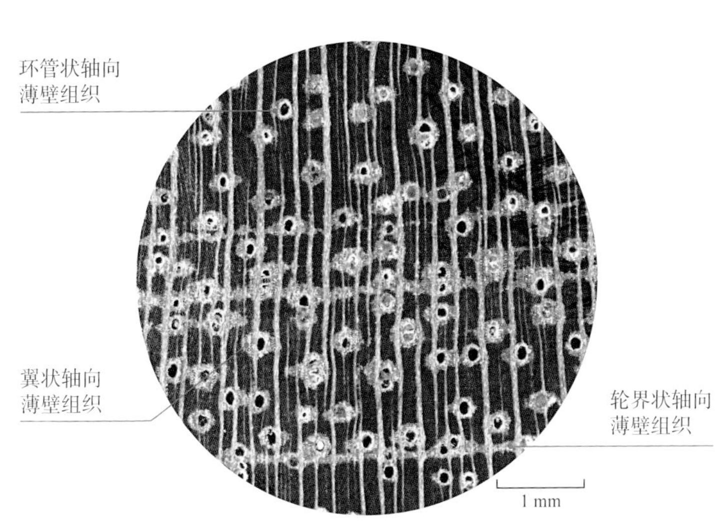

栾叶苏木　木材横切面

厚腔苏木 *Pachyelasma tessmannii*

厚腔苏木　木材纵切面

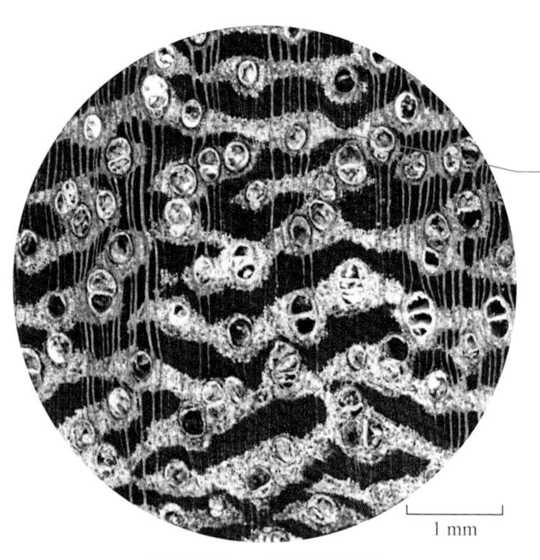

厚腔苏木　木材横切面

巴西苏木

Paubrasilia echinata

Brazilwood

树 木 分 类 豆科（Leguminosae）苏木属（*Paubrasilia*）

树 木 分 布 巴西

树木形态特征 乔木，高达 30 m，胸径 0.5~0.8 m。

木材主要特征 阔叶树材。心材新切面橘红色，久则呈深红色或红褐色；边材浅黄色或近白色，与心材区别明显。木材具光泽。木材结构甚细，均匀；纹理直至略交错。木材重硬；气干密度大于 1.0 g/cm^3。

木材鉴别要点 散孔材。生长轮略明显。放大镜下管孔略明显，散生，数略少，较小；轴向薄壁组织明显，环管状及轮界状；木射线明显，略少，甚窄；波痕略见。

木制品类型 乐器、家具

保 护 级 别 CITES 附录Ⅱ（注释 10）

巴西苏木与相似木材的主要区别

	材色	管孔	轴向薄壁组织
巴西苏木	心材新切面橘红色，久则呈深红色或红褐色，边材浅黄色或近白色，与心材区别明显	较小	轮界状、环管状
（1）多小叶红苏木 *Baikiaea plurijuga*	心材深红色，具不规则深色条纹，边材浅粉褐色，与心材区别明显	较小	环管状、聚翼状、带状
（2）马六喃喃果木 *Cynometra malaccensis*	心材褐色，边材色浅，与心材区别不明显	较大	翼状、聚翼状、带状
（3）浸斑苏木 *Libidibia punctata*	心材为巧克力褐色或近黑色，边材浅黄褐色，与心材区别明显	略小	带状、翼状、聚翼状

巴西苏木　木材纵切面

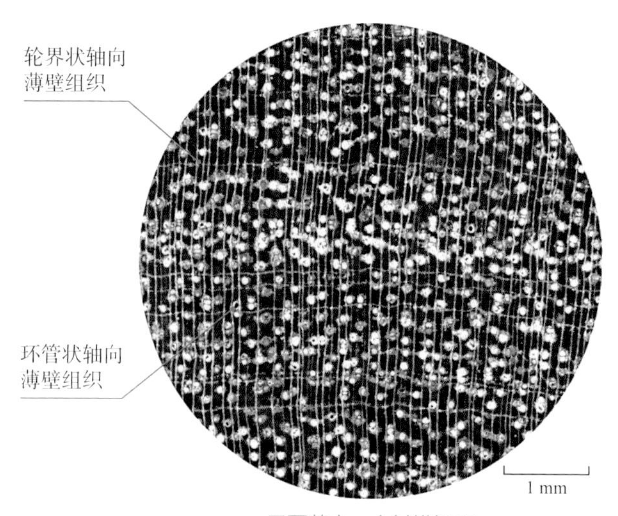

巴西苏木　木材横切面

多小叶红苏木 *Baikiaea plurijuga*

多小叶红苏木　木材纵切面

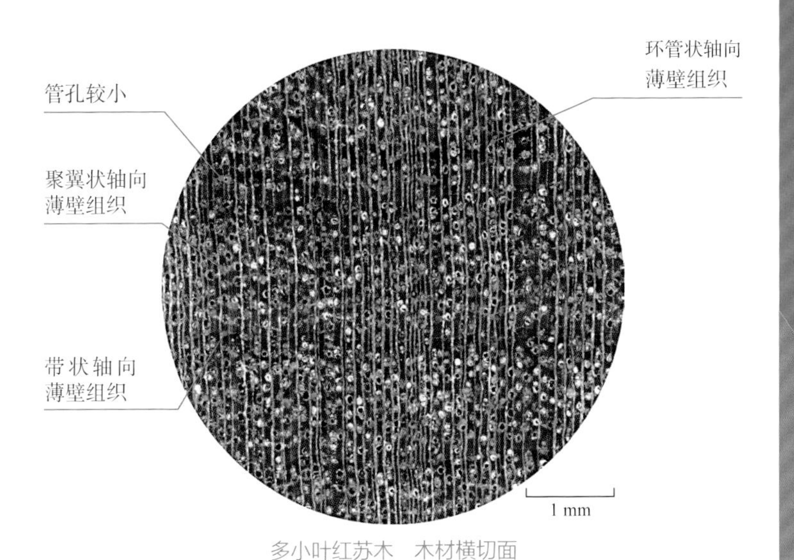

多小叶红苏木　木材横切面

马六喃喃果木 *Cynometra malaccensis*

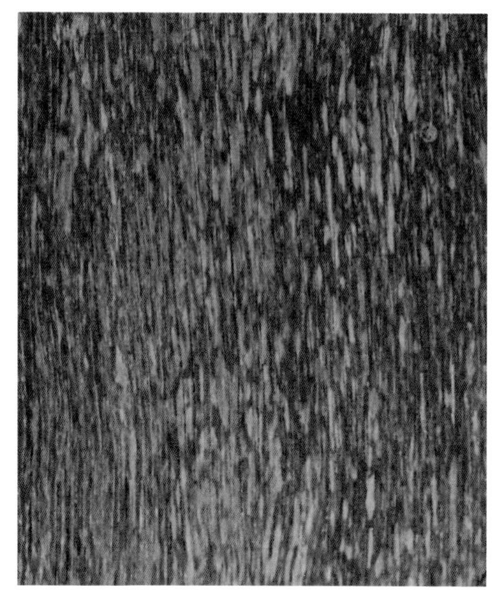

马六喃喃果木　木材纵切面

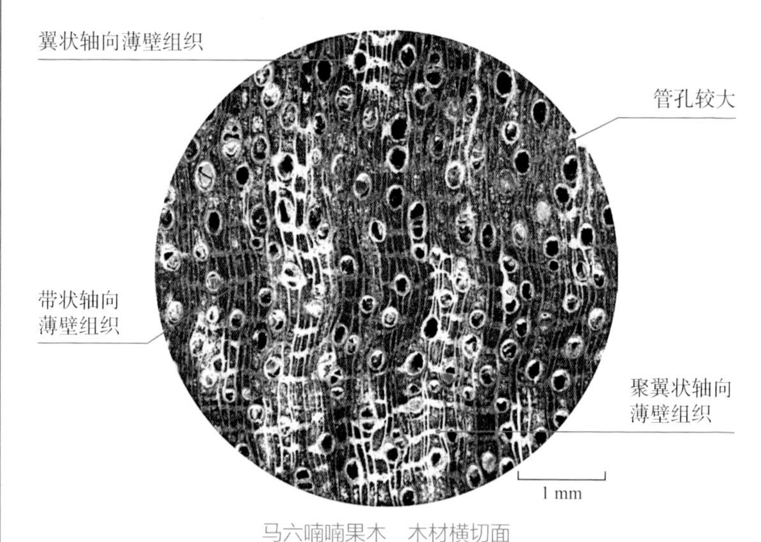

马六喃喃果木　木材横切面

浸斑苏木 *Libidibia punctata*

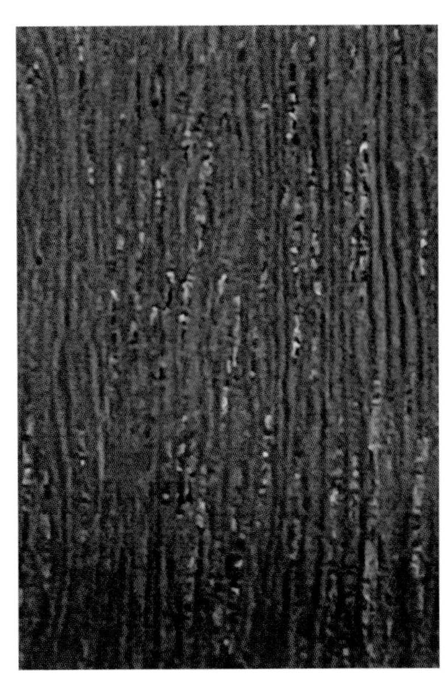

浸斑苏木　木材纵切面

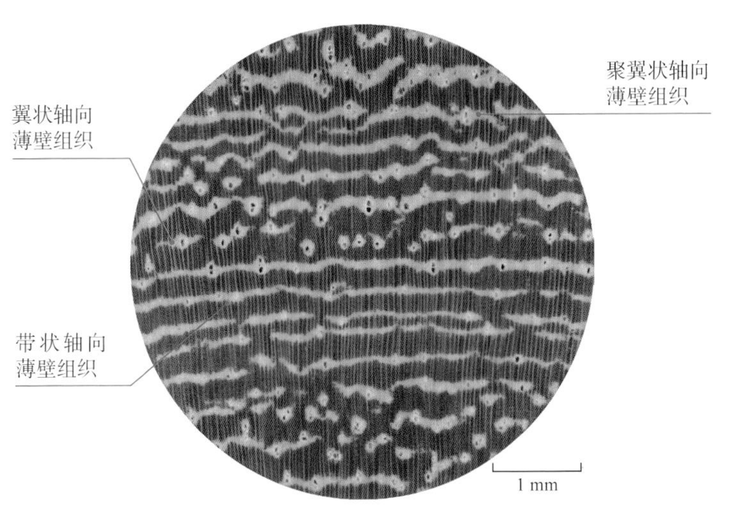

浸斑苏木　木材横切面

大美木豆
Pericopsis elata
African teak

树 木 分 类 豆科（Leguminosae）美木豆属（*Pericopsis*）

树 木 分 布 喀麦隆、刚果（布）、刚果（金）、科特迪瓦、加纳及尼日利亚

树木形态特征 乔木，高达 45 m，胸径达 1.5 m。

木材主要特征 阔叶树材。心材黄褐色至深褐色，具深色条纹，与边材区别明显，通常导管含黄色或褐色内含物。木材结构细，均匀；纹理直或略斜。气干密度约 0.69 g/cm^3。

木材鉴别要点 散孔材。管孔肉眼下可见，放大镜下单管孔及径列复管孔（2 个）明显，散生，数较多，略大。轴向薄壁组织聚翼状、翼状、轮界状及环管状；木射线明显，略密，略窄。

木制品类型 原木、锯材、家具、地板、装饰单板等

保 护 级 别 CITES 附录Ⅱ（注释 17）

大美木豆与相似木材的主要区别

	材 色	管 孔	轴向薄壁组织
大美木豆	心材黄褐色至深褐色，具深色条纹	散孔材，管孔略大	聚翼状、翼状、轮界状、环管状
（1）多小叶红苏木 *Baikiaea plurijuga*	心材深红色，具不规则深色条纹	散孔材，管孔较小	环管状、聚翼状、带状
（2）大金柚木 *Milicia excelsa*	心材深褐色	散孔材，管孔大	翼状、聚翼状、带状
（3）安哥拉美木豆 *Pericopsis angolensis*	心材浅黑褐色，具黑色条纹	散孔材，管孔较大	聚翼状、翼状、带状
（4）柚木 *Tectona grandis*	心材黄褐色，具深色条纹	环孔材，早材管孔大	环管状、轮界状

大美木豆　木材纵切面

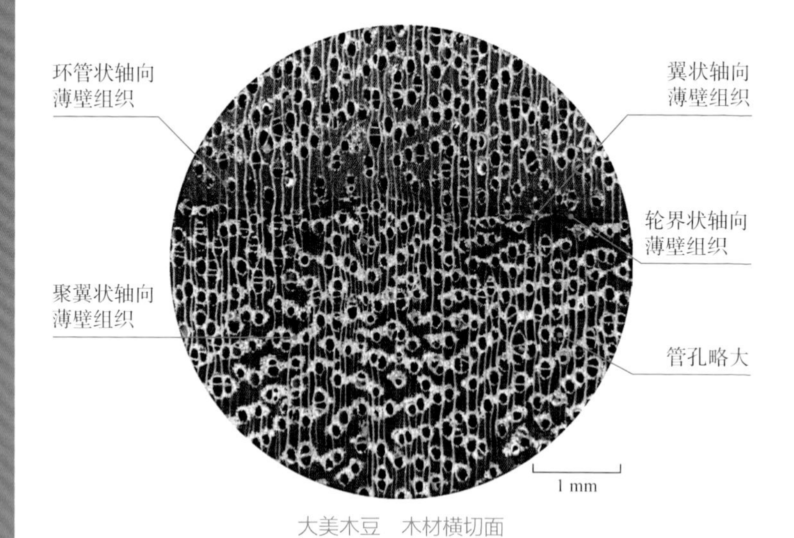

大美木豆　木材横切面

多小叶红苏木 *Baikiaea plurijuga*

多小叶红苏木　木材纵切面

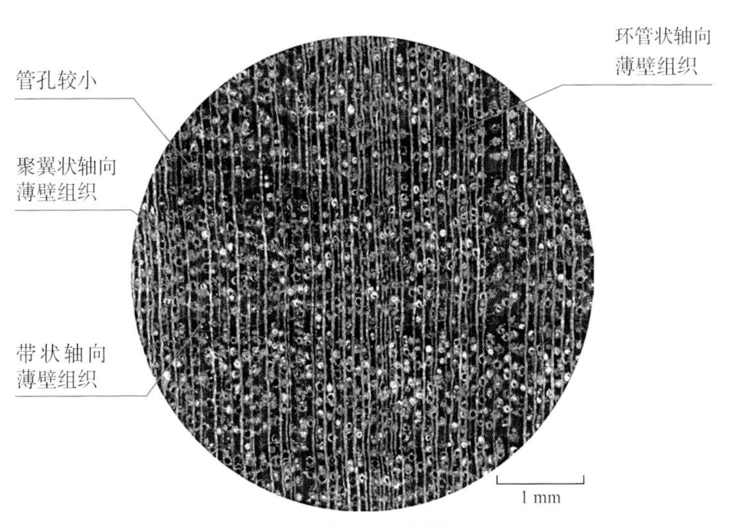

多小叶红苏木　木材横切面

大金柚木 *Milicia excelsa*

大金柚木　木材纵切面

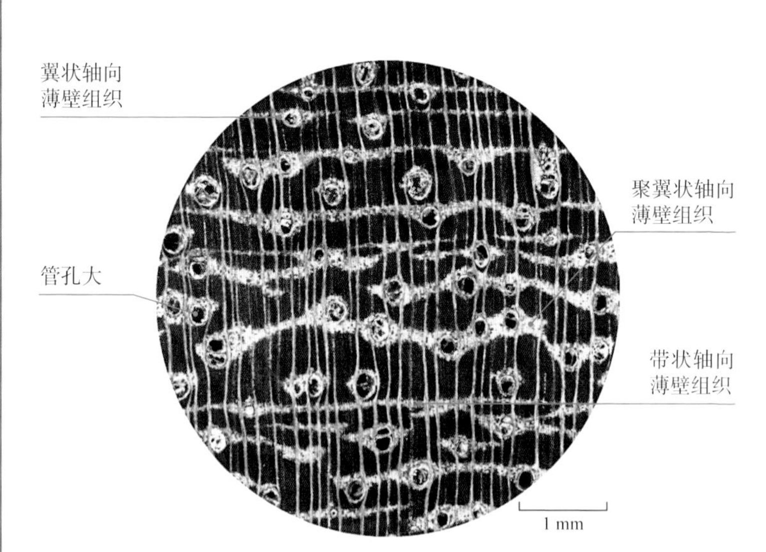

大金柚木　木材横切面

安哥拉美木豆 *Pericopsis angolensis*

安哥拉美木豆　木材纵切面

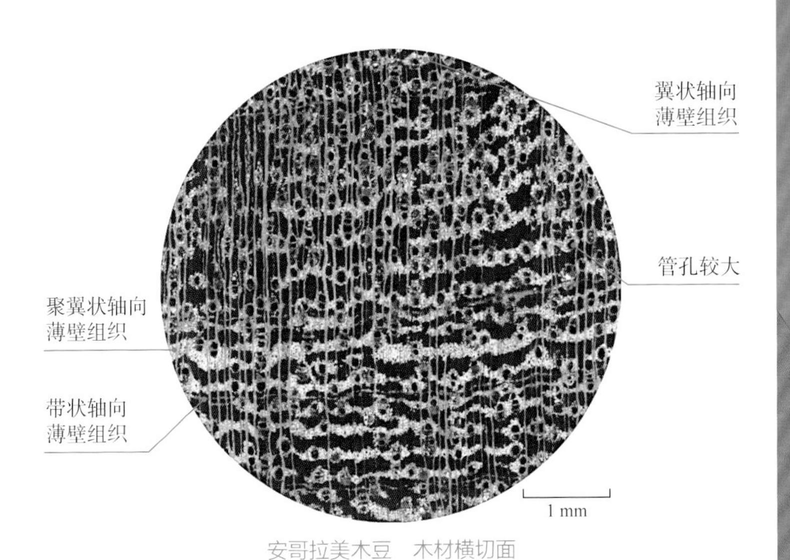

安哥拉美木豆　木材横切面

柚木 *Tectona grandis*

柚木　木材纵切面

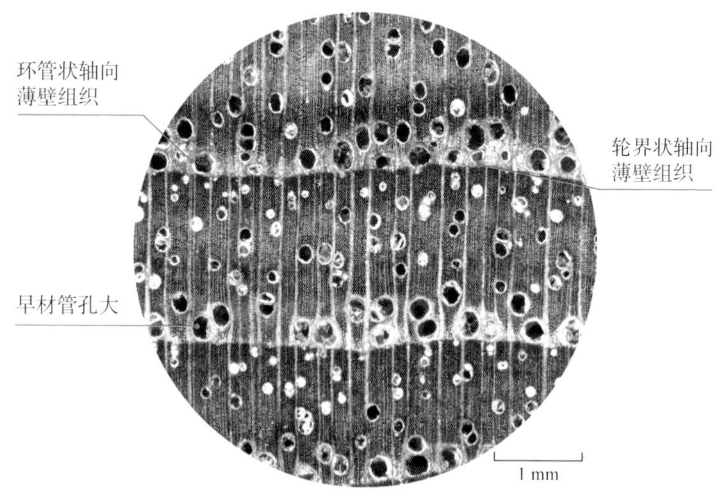

柚木　木材横切面

刺猬紫檀

Pterocarpus erinaceus

Ambila

树 木 分 类 豆科（Leguminosae）紫檀属（*Pterocarpus*）

树 木 分 布 塞内加尔、几内亚比绍等热带非洲国家

树木形态特征 乔木，高达 30 m，胸径 0.6~0.9 m。

木材主要特征 阔叶树材。心材紫红褐色、红褐色或黄褐色，常带深色条纹；木屑水浸出液呈黄绿色至淡蓝色荧光。一般无明显气味或新鲜材具不愉快气味。木材结构细；纹理交错。木材较重硬；气干密度约 0.85 g/cm^3。

木材鉴别要点 散孔材，半环孔材倾向明显。生长轮略明显或明显；管孔在生长轮内部，肉眼下可见，数甚少至略少；放大镜下轴向薄壁组织明显或可见，主要为聚翼状及带状；木射线明显；波痕可见。

木制品类型 家具、细木工、微薄木、胶合板、仪器箱盒、雕刻、地板等

保 护 级 别 CITES 附录Ⅱ

刺猬紫檀与相似木材的主要区别

	材色	轴向薄壁组织	气干密度
刺猬紫檀	心材紫红褐色或红褐色，常带深色条纹	带状、聚翼状	约 0.85 g/cm^3
（1）非洲缅茄 *Afzelia africana*	心材浅红褐色	菱形翼状、聚翼状、轮界状	约 0.80 g/cm^3
（2）大摘亚木 *Dialium excelsum*	心材暗褐色	带状	0.91~1.01 g/cm^3
（3）安哥拉紫檀 *Pterocarpus angolensis*	心材浅黄褐色，具深色条纹	带状、翼状、聚翼状	0.51~0.72 g/cm^3
（4）印度紫檀 *Pterocarpus indicus*	心材红褐色、深红褐色或金黄色，常带深浅相间的深色条纹	带状、翼状	0.53~0.94 g/cm^3

刺猬紫檀　木材纵切面

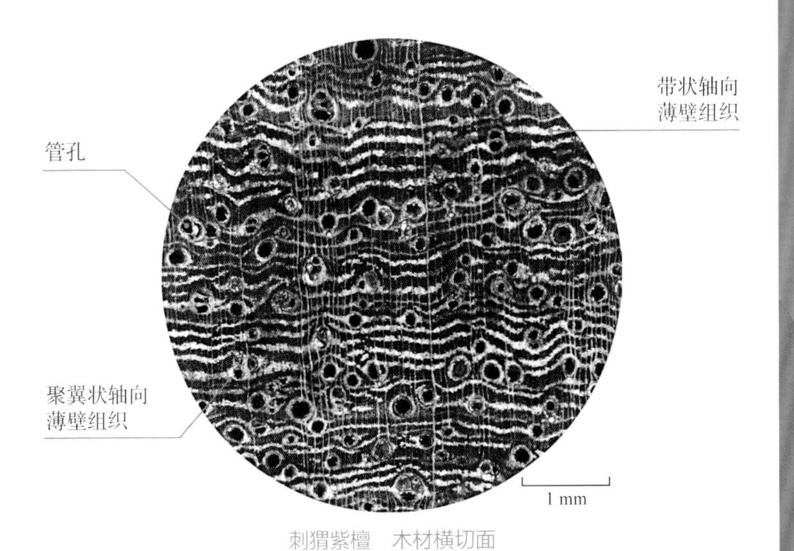

刺猬紫檀　木材横切面

非洲缅茄 *Afzelia africana*

非洲缅茄　木材纵切面

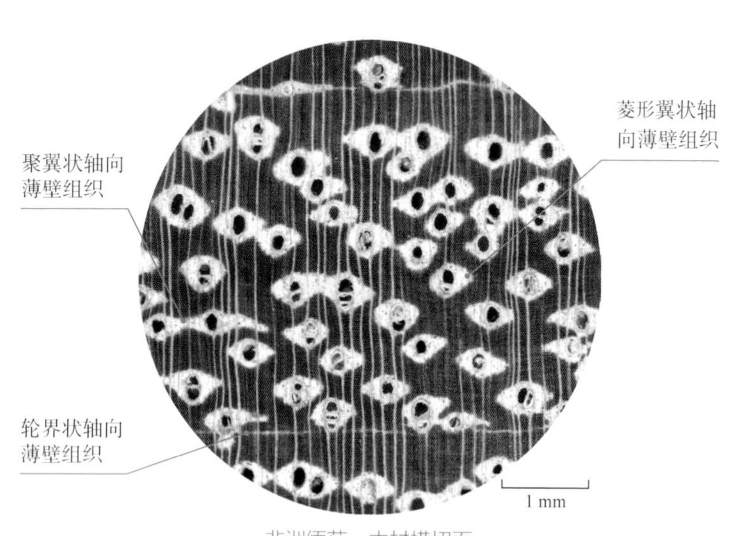

非洲缅茄　木材横切面

大摘亚木 *Dialium excelsum*

大摘亚木　木材纵切面

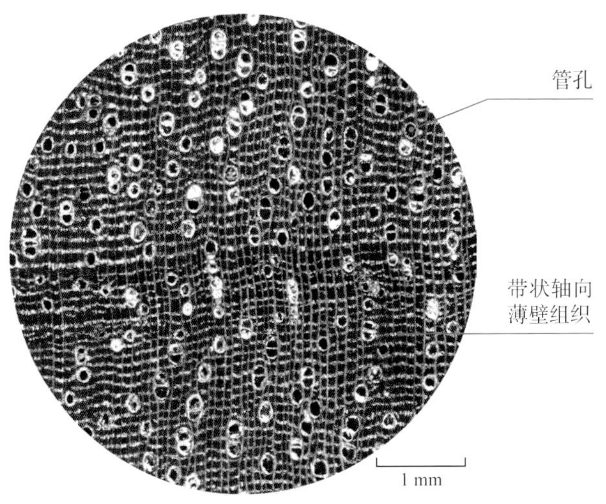

大摘亚木　木材横切面

安哥拉紫檀 *Pterocarpus angolensis*

安哥拉紫檀　木材纵切面

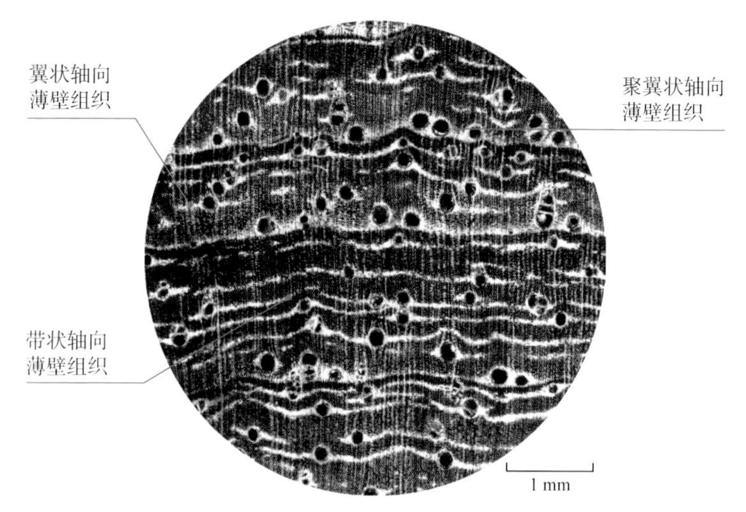

安哥拉紫檀　木材横切面

印度紫檀 *Pterocarpus indicus*

印度紫檀　木材纵切面

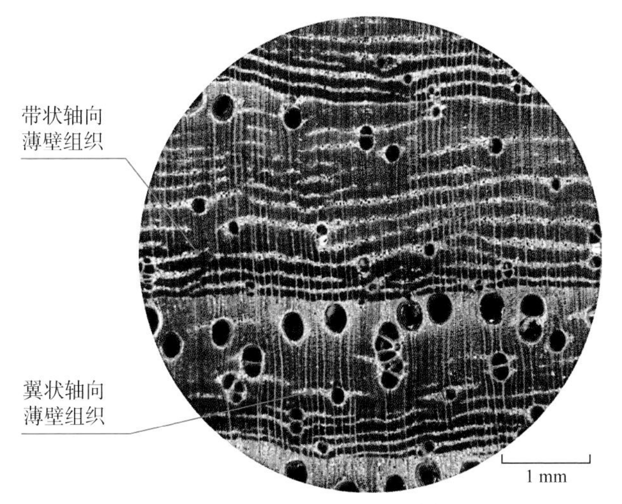

印度紫檀　木材横切面

檀香紫檀

Pterocarpus santalinus

Red sanders

树 木 分 类 豆科（Leguminosae）紫檀属（*Pterocarpus*）

树 木 分 布 印度

树木形态特征 乔木，高 8~11 m，胸径达 0.4 m。树皮灰色至黑褐色，块裂。

木材主要特征 阔叶树材。心材新切面橘红色，久置转为深紫色或黑紫色。香气无或微弱。木材结构细致；纹理交错，局部卷曲。木材重硬；气干密度 1.05~1.26 g/cm^3。

木材鉴别要点 散孔材。生长轮不明显；放大镜下轴向薄壁组织明显，主要为不连续弦向带状、翼状和环管状；木纤维壁厚，充满红色树胶和紫檀素；木射线可见；木屑水浸出液有黄绿色至淡蓝色荧光。

木制品类型 原木、锯材、家具、工艺品等

保 护 级 别 CITES 附录Ⅱ（注释 7）

檀香紫檀与相似木材的主要区别

	荧光反应	轴向薄壁组织
檀香紫檀	有黄绿色至淡蓝色荧光	不连续弦向带状、环管状、翼状
（1）光亮杂色豆 ***Baphia nitida***	无	带状
（2）卢氏黑黄檀 ***Dalbergia louvelii***	无	带状
（3）胶漆树 ***Gluta renghas***	无	轮界状、带状、环管状
（4）染料紫檀 ***Pterocarpus tinctorius***	微弱，紫外灯下可见	带状、翼状

檀香紫檀　木材纵切面

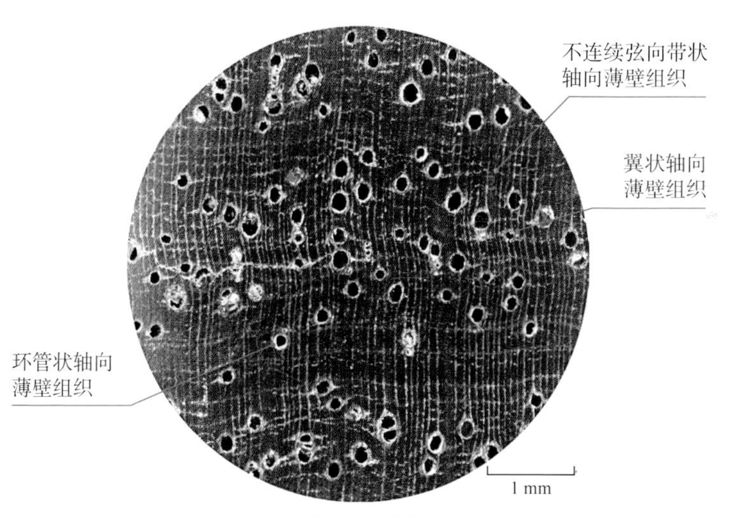

檀香紫檀　木材横切面

光亮杂色豆 *Baphia nitida*

光亮杂色豆　木材纵切面

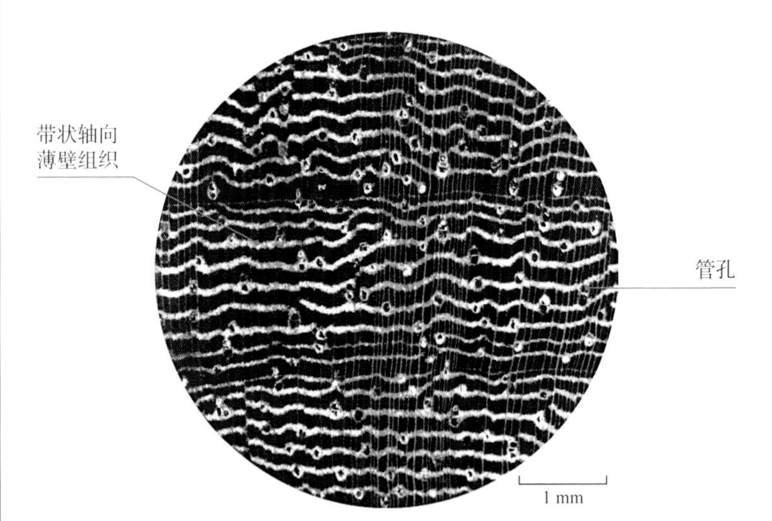

光亮杂色豆　木材横切面

卢氏黑黄檀 *Dalbergia louvelii*

卢氏黑黄檀　木材纵切面

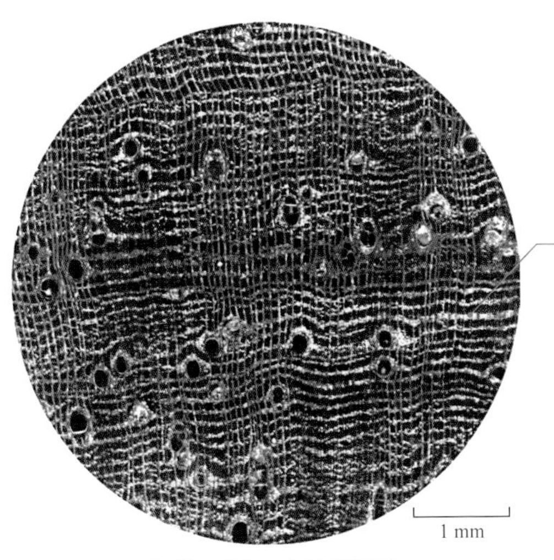

卢氏黑黄檀　木材横切面

胶漆树 *Gluta renghas*

胶漆树　木材纵切面

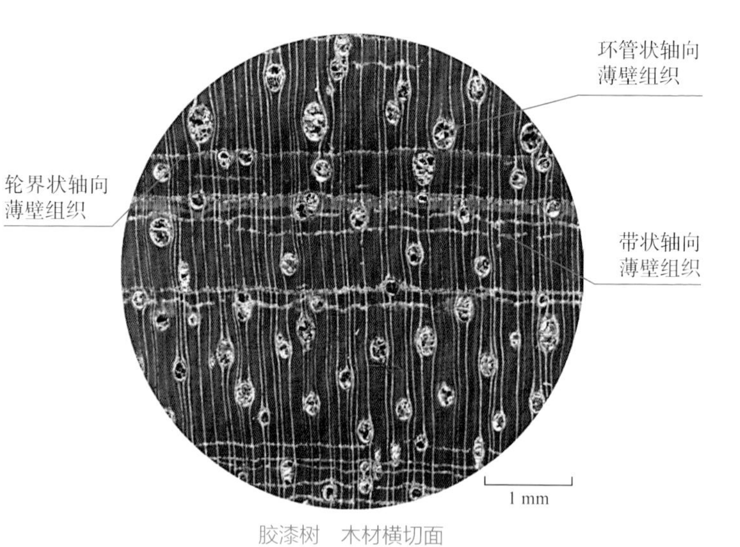

胶漆树　木材横切面

染料紫檀 *Pterocarpus tinctorius*

染料紫檀　木材纵切面

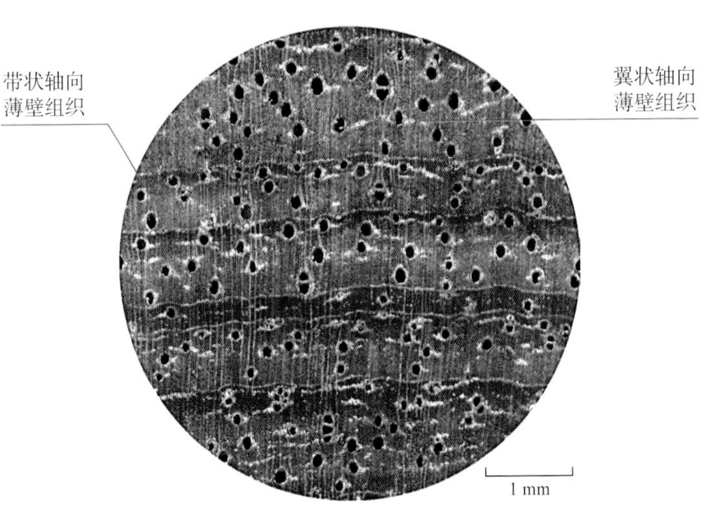

染料紫檀　木材横切面

染料紫檀
Pterocarpus tinctorius
Mukula, Mukurungu

树 木 分 类	豆科（Leguminosae）紫檀属（*Pterocarpus*）
树 木 分 布	刚果（金）、坦桑尼亚、安哥拉、赞比亚、马拉维和莫桑比克等
树木形态特征	乔木，高达 25 m，胸径达 0.7 m。树皮灰褐色。
木材主要特征	阔叶树材。心材红褐色，带深色条纹。木材结构细致；纹理直。木材重硬；气干密度 0.70~1.08 g/cm^3。
木材鉴别要点	散孔材。生长轮不明显；放大镜下轴向薄壁组织明显，主要为带状和翼状；木纤维壁厚，含树胶；木射线可见；木屑水浸出液微弱，紫外灯下可见。
木制品类型	原木、锯材、家具、工艺品等
保 护 级 别	CITES 附录Ⅱ（注释 6）

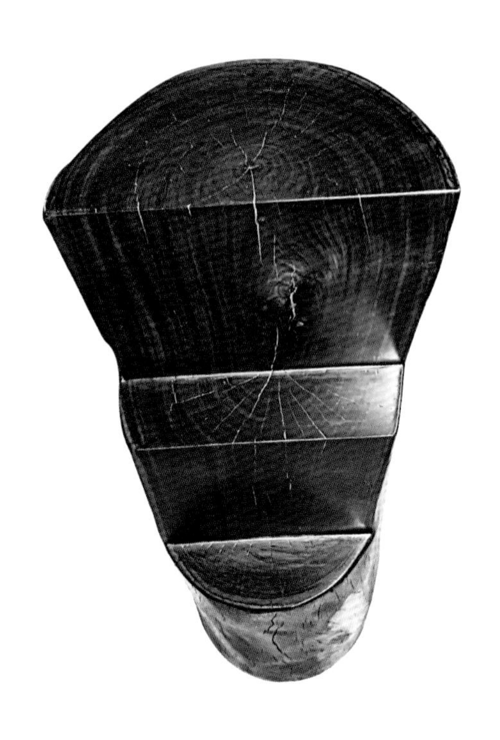

染料紫檀与相似木材的主要区别

	荧光反应	轴向薄壁组织
染料紫檀	微弱，紫外灯下可见	带状、翼状
（1）**多小叶红苏木** ***Baikiaea plurijuga***	无	环管状、聚翼状、带状
（2）**光亮杂色豆** ***Baphia nitida***	无	带状
（3）**卢氏黑黄檀** ***Dalbergia louvelii***	无	带状
（4）**檀香紫檀** ***Pterocarpus santalinus***	有黄绿色至淡蓝色荧光	不连续弦向带状、翼状、环管状

染料紫檀　木材纵切面

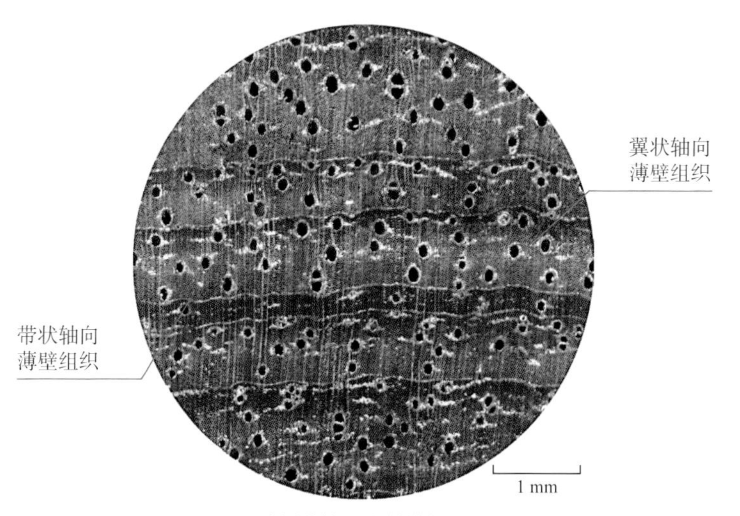

染料紫檀　木材横切面

多小叶红苏木 *Baikiaea plurijuga*

多小叶红苏木　木材纵切面

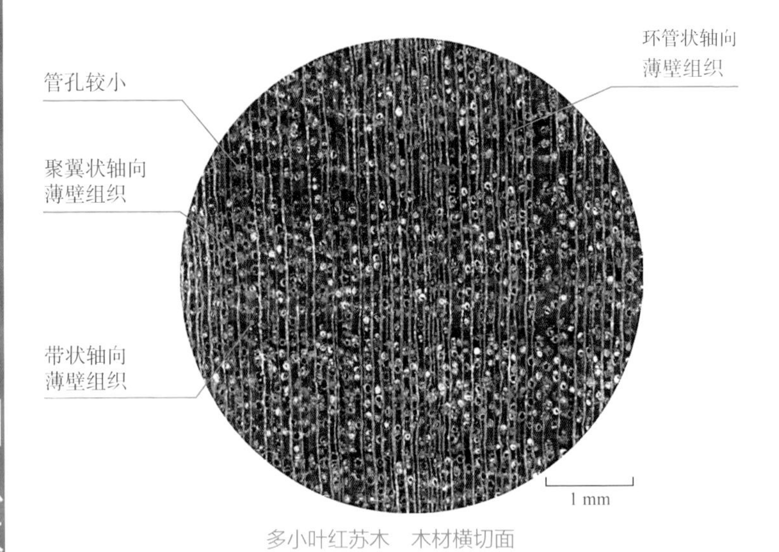

多小叶红苏木　木材横切面

光亮杂色豆 *Baphia nitida*

光亮杂色豆　木材纵切面

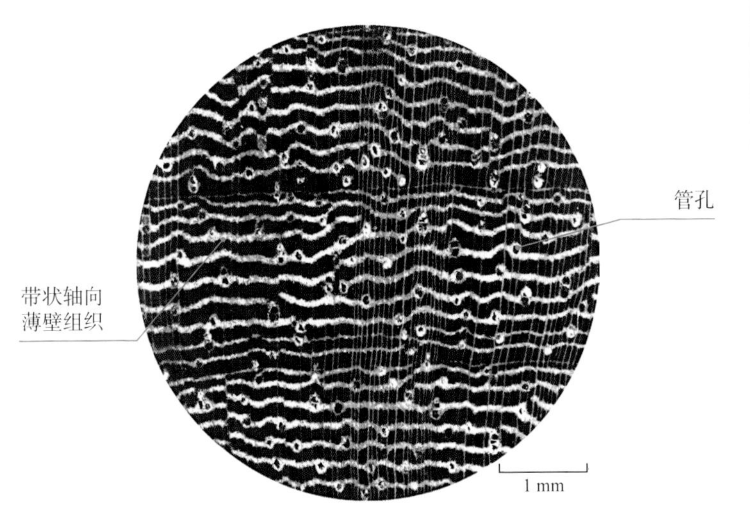

光亮杂色豆　木材横切面

卢氏黑黄檀 *Dalbergia louvelii*

卢氏黑黄檀　木材纵切面

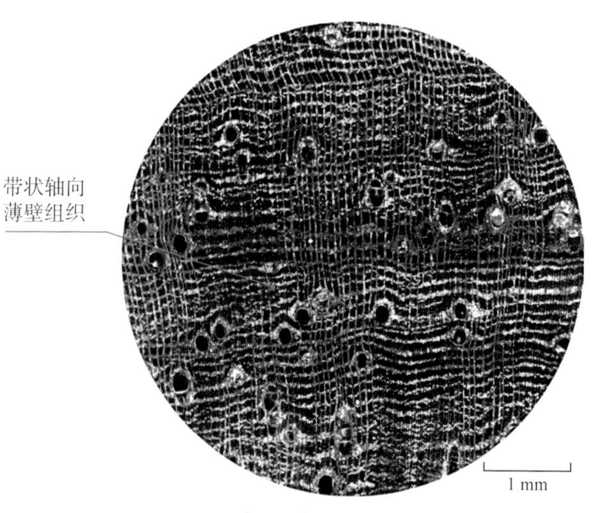

卢氏黑黄檀　木材横切面

檀香紫檀 *Pterocarpus santalinus*

檀香紫檀　木材纵切面

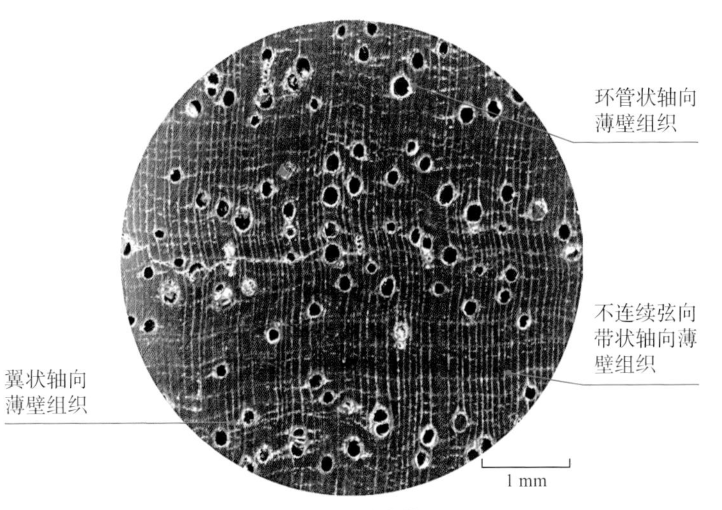

檀香紫檀　木材横切面

蒙古栎
Quercus mongolica
Mongolian oak

树木分类 壳斗科（Fagaceae）栎属（*Quercus*）

树木分布 中国、俄罗斯、蒙古国、朝鲜、日本等

树木形态特征 乔木，树高可达30 m，胸径1 m。

木材主要特征 阔叶树材。心材黄褐色或浅栗褐色；边材浅黄褐色，与心材区别通常明显。木材有光泽。木材结构略粗，不均匀；纹理直。重量和强度中等至高；气干密度0.77~0.83 g/cm^3。

木材鉴别要点 环孔材。生长轮明显；早材管孔略大，肉眼下略明显，连续排列成早材带，宽1~2（稀3）列管孔；早材至晚材急变，晚材管孔甚小，放大镜下不见或略见，火焰状径列，宽多列管孔；轴向薄壁组织较多，带状明显；木射线略密，宽木射线可见。

木制品类型 原木、锯材、家具等

保护级别 CITES附录Ⅲ（俄罗斯种群，注释5）

蒙古栎与相似树种木材的主要区别

	材色	管孔排列	轴向薄壁组织	宽木射线	气干密度 (g/cm^3)
蒙古栎	心材黄褐色或浅栗褐色，边材浅黄褐色，与心材区别通常明显	早材管孔连续排列成早材带，晚材管孔呈火焰状径列	带状	有	0.77~0.83
（1）**大叶水青冈** ***Fagus grandifolia***	心材红褐色或浅褐色，心边材区别不明显	管孔甚多，甚小，散生	轮界状、环管状	有	0.50~0.85
（2）**白蜡木** ***Fraxinus chinensis***	心材浅黄褐色或浅褐色，心边材区别不明显	早材管孔连续排列成早材带，晚材管孔散生或斜列	轮界状、带状、翼状	无	约0.66
（3）**水曲柳** ***Fraxinus mandshurica***	心材灰褐色或浅栗褐色，边材黄白色或浅黄褐色，与心材区别明显	早材管孔连续排列成明显早材带，晚材管孔散生或短斜列	环管状、轮界状	无	0.64~0.69
（4）**麻栎** ***Quercus acutissima***	心材浅红褐色，边材暗黄褐色或灰黄褐色，与心材区别明显	早材管孔连续排列成明显早材带，晚材管孔径列	带状	有	0.92~0.93

蒙古栎　木材纵切面

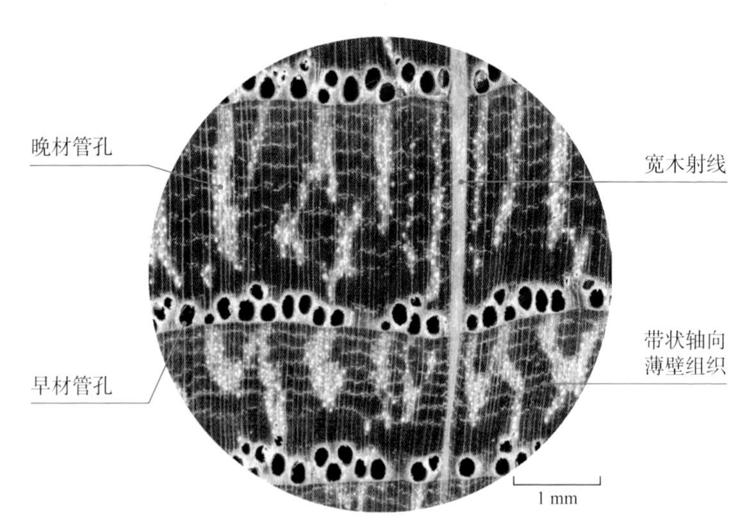

蒙古栎　木材横切面

大叶水青冈 *Fagus grandifolia*

大叶水青冈　木材纵切面

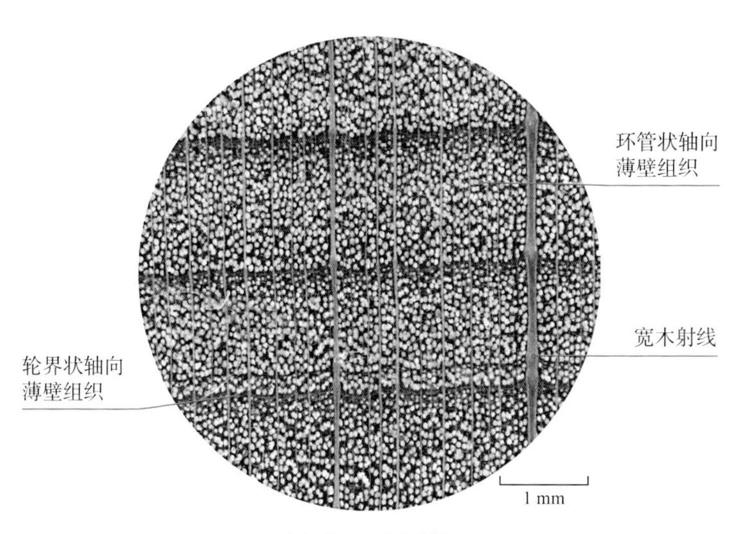

大叶水青冈　木材横切面

白蜡木 *Fraxinus chinensis*

白蜡木　木材纵切面

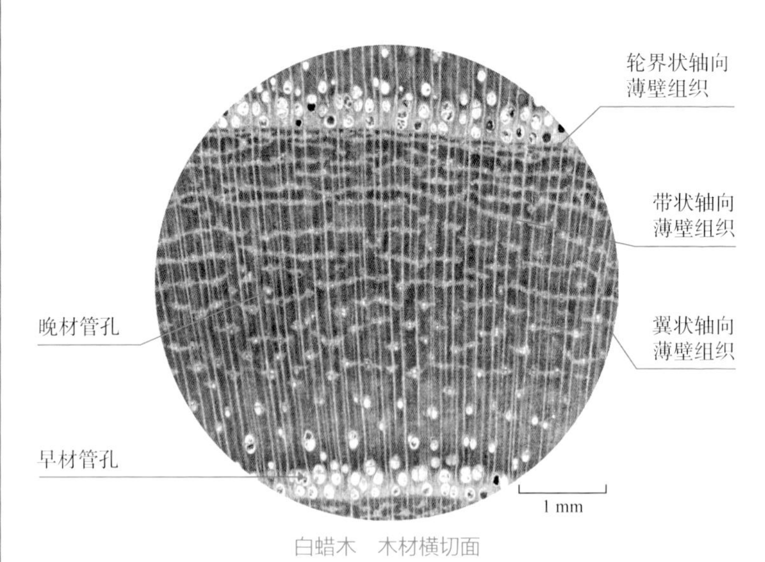

白蜡木　木材横切面

水曲柳 *Fraxinus mandshurica*

水曲柳　木材纵切面

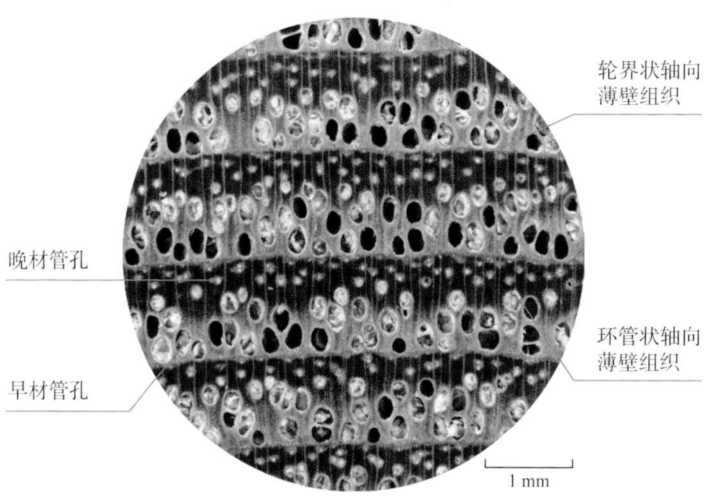

水曲柳　木材横切面

麻栎 *Quercus acutissima*

麻栎　木材纵切面

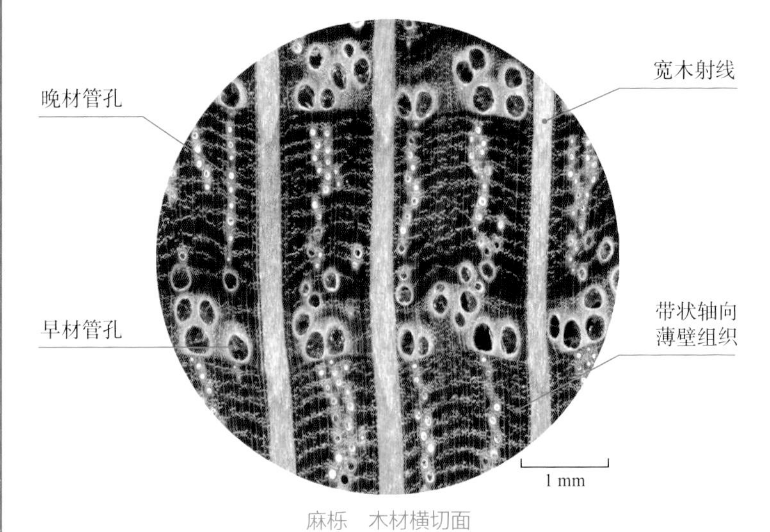

麻栎　木材横切面

大叶桃花心木

Swietenia macrophylla

American mahogany

树 木 分 类 楝科（Meliaceae）桃花心木属（*Swietenia*）

树 木 分 布 墨西哥、哥伦比亚、秘鲁、委内瑞拉、玻利维亚、巴西等拉美国家

树木形态特征 乔木，高 46~60 m，胸径 1~2 m。

木材主要特征 阔叶树材。心材褐色或红褐色，边材色浅；通常导管含红色或黑色内含物。木材具光泽。木材结构细，均匀；纹理直或略斜。木材重量中等，强度低至中；气干密度约 0.59 g/cm^3。

木材鉴别要点 散孔材。管孔肉眼下可见，单管孔及径列复管孔（2 个），放大镜下明显，散生，数少，略大；轴向薄壁组织轮界状、环管状；木射线明显，略密，窄。

木制品类型 原木、锯材、家具、乐器部件、工艺品等

保 护 级 别 CITES 附录Ⅱ（新热带种群，注释 6）

大叶桃花心木与相似木材的主要区别

	材色	轴向薄壁组织
大叶桃花心木	心材褐色或红褐色，边材色浅	轮界状、环管状
（1）**圭亚那蟹木楝** ***Carapa guianensis***	心材浅红褐色，边材黄白色	带状、环管状
（2）**香洋椿** ***Cedrela odorata***	心材褐色或浅褐色，边材色略浅	轮界状、环管状
（3）**安哥拉非洲楝** ***Entandrophragma angolense***	心材红褐色，边材浅褐色	带状、环管状
（4）**大叶驼峰楝** ***Guarea grandifolia***	心材红褐色，边材浅粉褐色	带状、翼状、聚翼状、环管状
（5）**白卡雅楝** ***Khaya anthotheca***	心材浅红褐色，边材黄白色	环管状

大叶桃花心木　木材纵切面

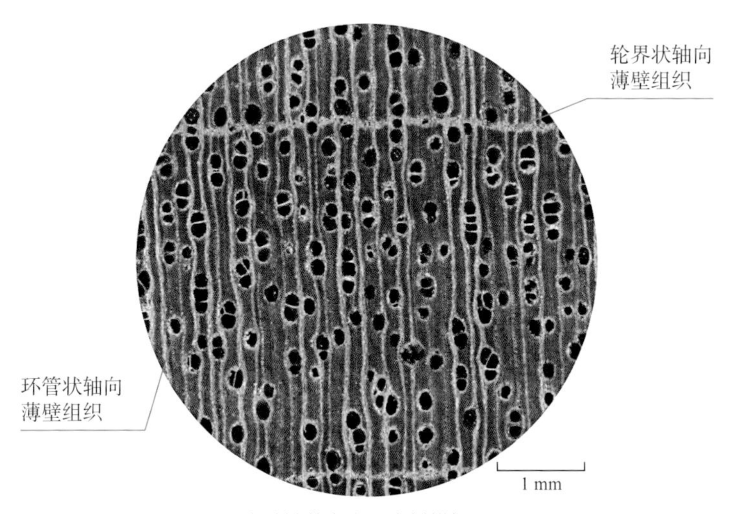

大叶桃花心木　木材横切面

圭亚那蟹木楝 *Carapa guianensis*

圭亚那蟹木楝　木材纵切面

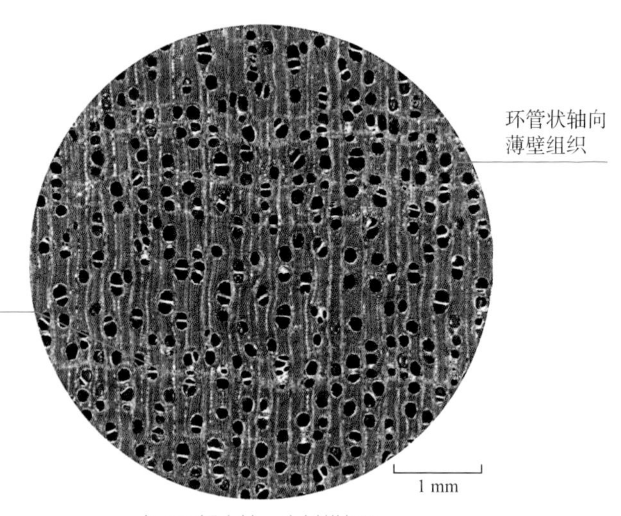

圭亚那蟹木楝　木材横切面

香洋椿 *Cedrela odorata*

香洋椿　木材纵切面

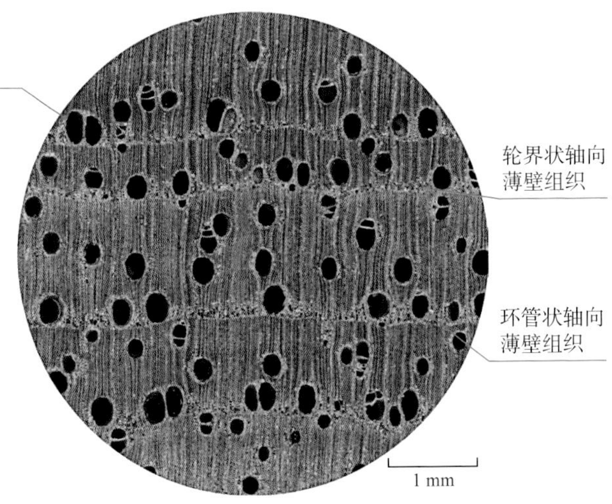

香洋椿　木材横切面

安哥拉非洲楝 *Entandrophragma angolense*

安哥拉非洲楝　木材纵切面

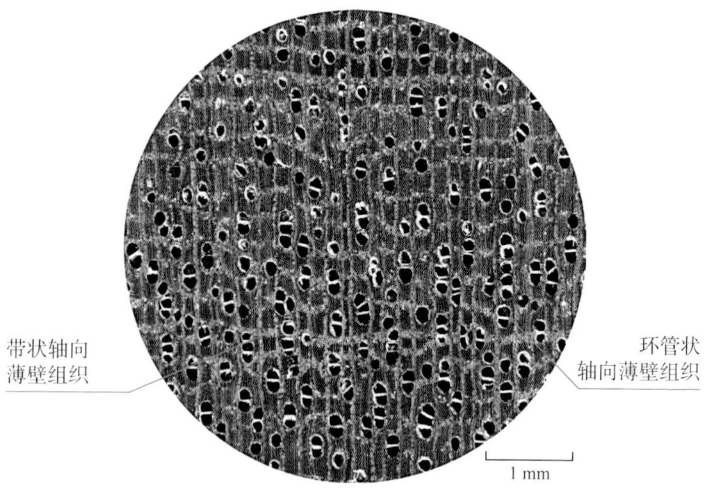

安哥拉非洲楝　木材横切面

大叶驼峰楝 *Guarea grandifolia*

大叶驼峰楝　木材纵切面

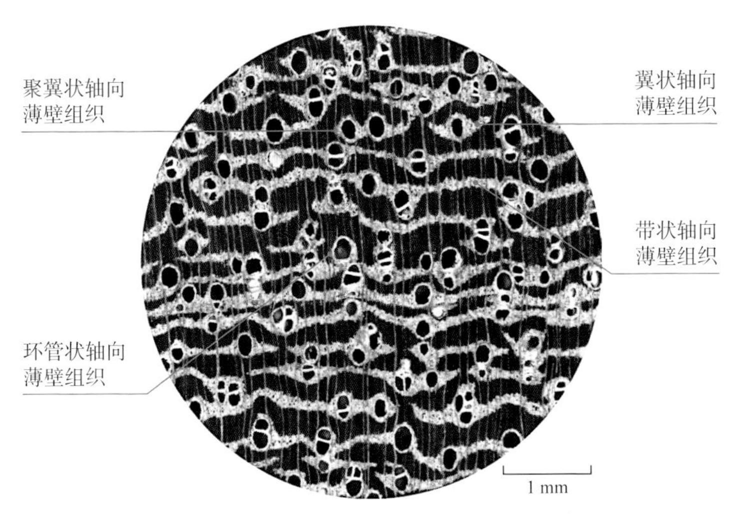

大叶驼峰楝　木材横切面

白卡雅楝 *Khaya anthotheca*

白卡雅楝　木材纵切面

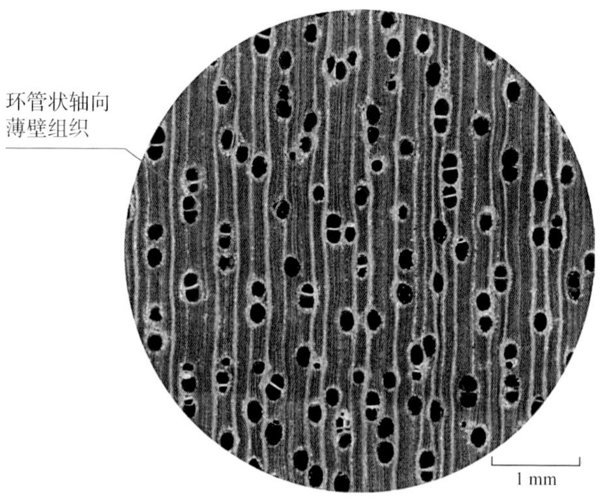

白卡雅楝　木材横切面

桃花心木

Swietenia mahagoni

Cuban mahogany

树 木 分 类 楝科（Meliaceae）桃花心木属（*Swietenia*）

树 木 分 布 古巴、哥伦比亚、多米尼加、秘鲁、委内瑞拉等拉美国家

树木形态特征 乔木，高达 25 m，胸径达 4 m。

木材主要特征 阔叶树材。心材红褐色或浅红褐色，与边材区别不明显；通常导管含红色或黑色内含物。木材具光泽。木材结构细，均匀；纹理直或略斜。木材重量中等，强度低至中；气干密度约 0.64 g/cm^3。

木材鉴别要点 散孔材。管孔肉眼下可见，单管孔及径列复管孔，放大镜下明显，散生，数少，略大；轴向薄壁组织环管状；木射线明显，略密，窄。

木 制 品 类 型 原木、锯材、家具、乐器部件、工艺品等

保 护 级 别 CITES 附录Ⅱ（注释 5）

桃花心木与相似木材的主要区别

	材色	轴向薄壁组织
桃花心木	心材红褐色或浅红褐色	环管状
（1）劈裂洋椿 ***Cedrela fissilis***	心材灰褐色	环管状
（2）大叶驼峰楝 ***Guarea grandifolia***	心材红褐色	带状、翼状、聚翼状、环管状
（3）红卡雅楝 ***Khaya ivorensis***	心材红褐色或浅红褐色	环管状
（4）塞内加尔卡雅楝 ***Khaya senegalensis***	心材浅褐色或灰褐色	带状
（5）矮桃花心木 ***Swietenia humilis***	心材红棕色	轮界状

桃花心木　木材纵切面

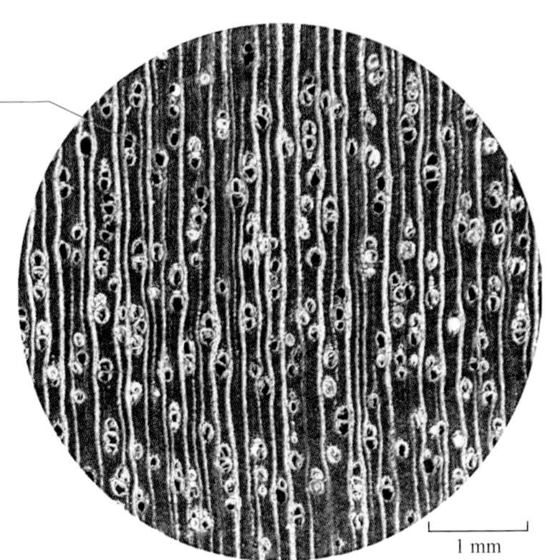

桃花心木　木材横切面

劈裂洋椿 *Cedrela fissilis*

劈裂洋椿　木材纵切面

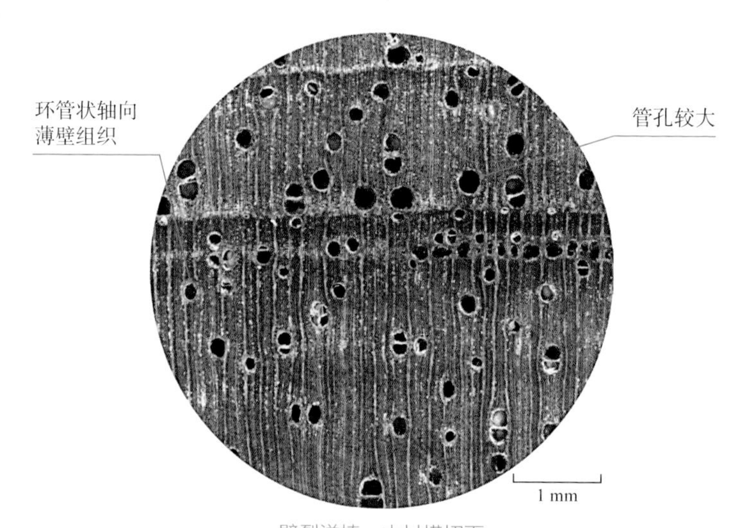

劈裂洋椿　木材横切面

大叶驼峰楝 *Guarea grandifolia*

大叶驼峰楝　木材纵切面

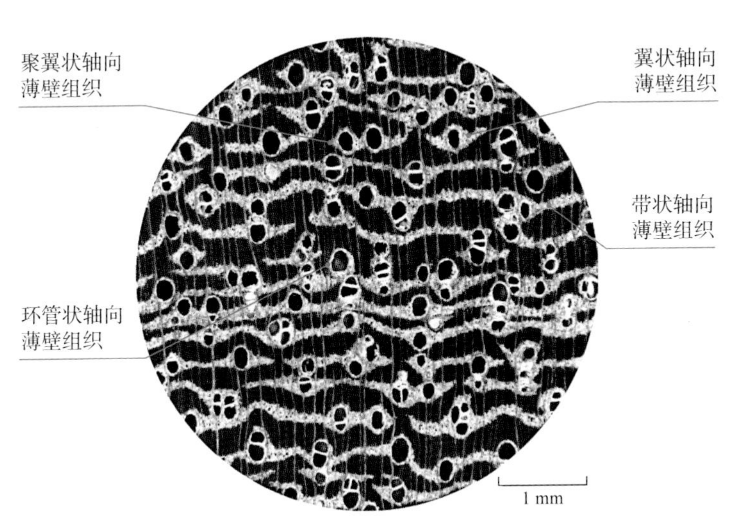

大叶驼峰楝　木材横切面

红卡雅楝 *Khaya ivorensis*

红卡雅楝　木材纵切面

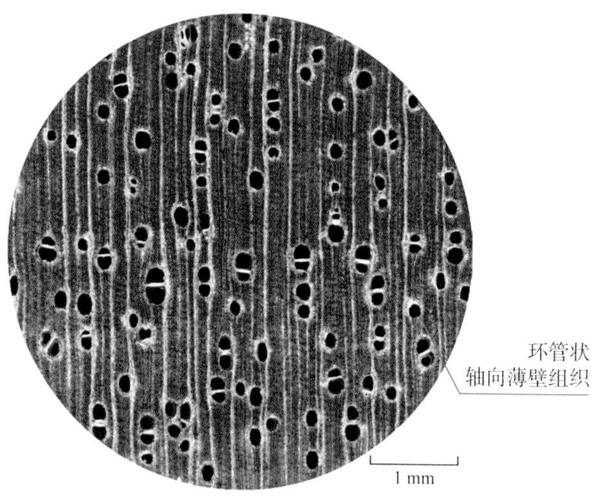

红卡雅楝　木材横切面

塞内加尔卡雅楝 *Khaya senegalensis*

塞内加尔卡雅楝　木材纵切面

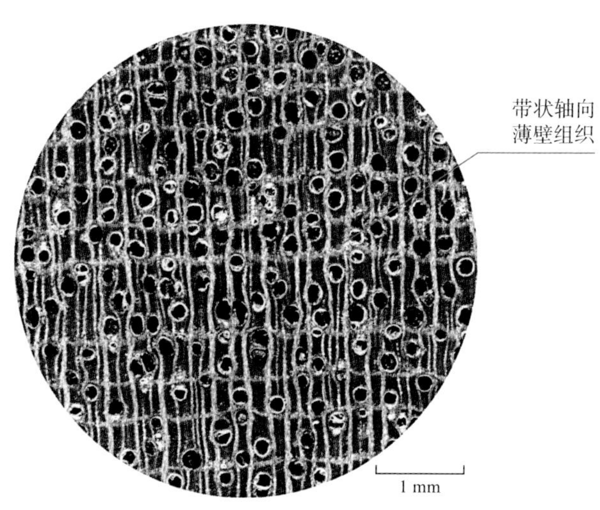

塞内加尔卡雅楝　木材横切面

矮桃花心木 *Swietenia humilis*

矮桃花心木　木材纵切面

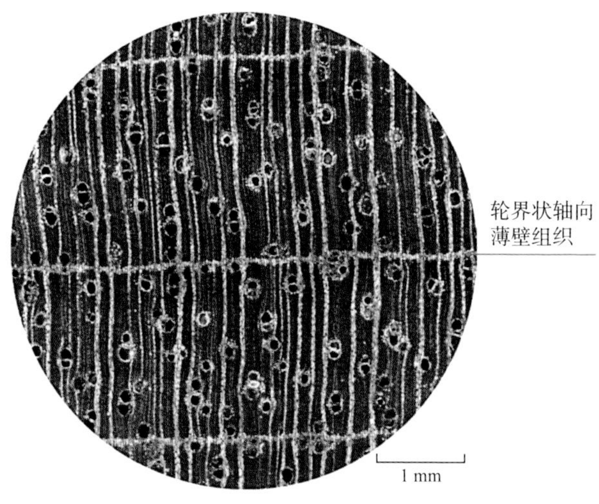

矮桃花心木　木材横切面

26 种常见贸易濒危木材及其相似木材

序号	濒危木材	相似木材
1	红松 *Pinus koraiensis*	(1) 华山松 *Pinus armandii*
		(2) 欧洲赤松 *Pinus sylvestris*
		(3) 樟子松 *Pinus sylvestris* var. *mongolica*
		(4) 油松 *Pinus tabuliformis*
2	红豆杉属 *Taxus* spp.（红豆杉 *Taxus chinensis* 为例）	(1) 三尖杉 *Cephalotaxus fortunei*
		(2) 柏木 *Cupressus funebris*
		(3) 白豆杉 *Pseudotaxus chienii*
		(4) 榧树 *Torreya grandis*
3	沉香属 *Aquilaria* spp.（土沉香 *Aquilaria sinensis* 为例）	(1) 红桧 *Chamaecyparis formosensis*
		(2) 椰子树 *Cocos nucifera*
		(3) 邦卡棱柱木 *Gonystylus bancanus*
		(4) 谷木 *Memecylon ligustrifolium*
		(5) 密花马钱 *Strychnos ovata*
4	萨米维腊木 *Bulnesia sarmientoi*	(1) 绿心樟 *Chlorocardium rodiei*
		(2) 药用愈疮木 *Guaiacum officinale*
		(3) 神圣愈疮木 *Guaiacum sanctum*
		(4) 齿叶风铃木 *Handroanthus serratifolius*

续表

序号	濒危木材	相似木材
5	洋椿属 *Cedrela* spp. （香洋椿 *Cedrela odorata* 为例）	(1) 圭亚那蟹木楝 *Carapa guianensis*
		(2) 劳氏驼峰楝 *Guarea laurentii*
		(3) 白卡雅楝 *Khaya anthotheca*
		(4) 大叶桃花心木 *Swietenia macrophylla*
6	交趾黄檀 *Dalbergia cochinchinensis*	(1) 阔叶黄檀 *Dalbergia latifolia*
		(2) 奥氏黄檀 *Dalbergia oliveri*
		(3) 微凹黄檀 *Dalbergia retusa*
		(4) 羽状阔变豆 *Platymiscium pinnatum*
		(5) 铁木豆 *Swartzia benthamiana*
7	中美洲黄檀 *Dalbergia granadillo*	(1) 密花黄檀 *Dalbergia congestiflora*
		(2) 伯利兹黄檀 *Dalbergia stevensonii*
		(3) 硬木军刀豆 *Machaerium scleroxylon*
		(4) 羽状阔变豆 *Platymiscium pinnatum*
8	阔叶黄檀 *Dalbergia latifolia*	(1) 交趾黄檀 *Dalbergia cochinchinensis*
		(2) 中美洲黄檀 *Dalbergia granadillo*
		(3) 微凹黄檀 *Dalbergia retusa*
		(4) 伯利兹黄檀 *Dalbergia stevensonii*
		(5) 平萼铁木豆 *Swartzia leiocalycina*
		(6) 毛榄仁 *Terminalia tomentosa*
9	卢氏黑黄檀 *Dalbergia louvelii*	(1) 中美洲黄檀 *Dalbergia granadillo*
		(2) 东非黑黄檀 *Dalbergia melanoxylon*
		(3) 胶漆树 *Gluta renghas*
		(4) 檀香紫檀 *Pterocarpus santaliuns*
10	东非黑黄檀 *Dalbergia melanoxylon*	(1) 风车木 *Combretum imberbe*
		(2) 卢氏黑黄檀 *Dalbergia louvelii*
		(3) 乌木 *Diospyros ebenum*
		(4) 成对古夷苏木 *Guibourtia conjugata*
		(5) 黑铁木豆 *Swartzia bannia*
		(6) 黑黄蕊木 *Xanthostemon melanoxylon*

续表

序号	濒危木材	相似木材
11	奥氏黄檀 *Dalbergia oliveri*	(1) 马达加斯加鲍古豆 *Bobgunnia madagascariensis*
		(2) 伯克苏木 *Burkea africana*
		(3) 降香黄檀 *Dalbergia odorifera*
		(4) 微凹黄檀 *Dalbergia retusa*
		(5) 印度黄檀 *Dalbergia sissoo*
12	微凹黄檀 *Dalbergia retusa*	(1) 交趾黄檀 *Dalbergia cochinchinensis*
		(2) 伯利兹黄檀 *Dalbergia stevensonii*
		(3) 危地马拉黄檀 *Dalbergia tucurensis*
13	伯利兹黄檀 *Dalbergia stevensonii*	(1) 大果阿那豆 *Anadenanthera macrocarpa*
		(2) 中美洲黄檀 *Dalbergia granadillo*
		(3) 阔叶黄檀 *Dalbergia latifolia*
		(4) 危地马拉黄檀 *Dalbergia tucurensis*
		(5) 硬木军刀豆 *Machaerium scleroxylon*
14	水曲柳 *Fraxinus mandshurica*	(1) 美国白蜡木 *Fraxinus americana*
		(2) 白蜡木 *Fraxinus chinensis*
		(3) 麻栎 *Quercus acutissima*
		(4) 蒙古栎 *Quercus mongolica*
15	邦卡棱柱木 *Gonystylus bancanus*	(1) 麦粉饱食桑 *Brosimum alicastrum*
		(2) 良木饱食桑 *Brosimum utile*
		(3) 南洋楹 *Falcataria moluccana*
		(4) 柯比蓝花楹 *Jacaranda copaia*
16	神圣愈疮木 *Guaiacum sanctum*	(1) 萨米维腊木 *Bulnesia sarmientoi*
		(2) 药用愈疮木 *Guaiacum officinale*
		(3) 齿叶风铃木 *Handroanthus serratifolius*
17	德米古夷苏木 *Guibourtia demeusei*	(1) 可乐豆 *Colophospermum mopane*
		(2) 爱里古夷苏木 *Guibourtia ehie*
		(3) 佩莱古夷苏木 *Guibourtia pellegriniana*
		(4) 栾叶苏木 *Hymenaea courbaril*

续表

序号	濒危木材	相似木材
18	特氏古夷苏木 *Guibourtia tessmannii*	(1) 奥氏西非苏木 *Daniellia oliveri*
		(2) 阿诺古夷苏木 *Guibourtia arnoldiana*
		(3) 鞘籽古夷苏木 *Guibourtia coleosperma*
		(4) 成对古夷苏木 *Guibourtia conjugata*
		(5) 栾叶苏木 *Hymenaea courbaril*
		(6) 厚腔苏木 *Pachyelasma tessmannii*
19	巴西苏木 *Paubrasilia echinata*	(1) 多小叶红苏木 *Baikiaea plurijuga*
		(2) 马六喃喃果木 *Cynometra malaccensis*
		(3) 浸斑苏木 *Libidibia punctata*
20	大美木豆 *Pericopsis elata*	(1) 多小叶红苏木 *Baikiaea plurijuga*
		(2) 大金柚木 *Milicia excelsa*
		(3) 安哥拉美木豆 *Pericopsis angolensis*
		(4) 柚木 *Tectona grandis*
21	刺猬紫檀 *Pterocarpus erinaceus*	(1) 非洲缅茄 *Afzelia africana*
		(2) 大摘亚木 *Dialium excelsum*
		(3) 安哥拉紫檀 *Pterocarpus angolensis*
		(4) 印度紫檀 *Pterocarpus indicus*
22	檀香紫檀 *Pterocarpus santalinus*	(1) 光亮杂色豆 *Baphia nitida*
		(2) 卢氏黑黄檀 *Dalbergia louvelii*
		(3) 胶漆树 *Gluta renghas*
		(4) 染料紫檀 *Pterocarpus tinctorius*
23	染料紫檀 *Pterocarpus tinctorius*	(1) 多小叶红苏木 *Baikiaea plurijuga*
		(2) 光亮杂色豆 *Baphia nitida*
		(3) 卢氏黑黄檀 *Dalbergia louvelii*
		(4) 檀香紫檀 *Pterocarpus santalinus*
24	蒙古栎 *Quercus mongolica*	(1) 大叶水青冈 *Fagus grandifolia*
		(2) 白蜡木 *Fraxinus chinensis*
		(3) 水曲柳 *Fraxinus mandshurica*
		(4) 麻栎 *Quercus acutissima*

续表

序号	濒危木材	相似木材
25	大叶桃花心木 *Swietenia macrophylla*	(1) 圭亚那蟹木楝 *Carapa guianensis*
		(2) 香洋椿 *Cedrela odorata*
		(3) 安哥拉非洲楝 *Entandrophragma angolense*
		(4) 大叶驼峰楝 *Guarea grandifolia*
		(5) 白卡雅楝 *Khaya anthotheca*
26	桃花心木 *Swietenia mahagoni*	(1) 劈裂洋椿 *Cedrela fissilis*
		(2) 大叶驼峰楝 *Guarea grandifolia*
		(3) 红卡雅楝 *Khaya ivorensis*
		(4) 塞内加尔卡雅楝 *Khaya senegalensis*
		(5) 矮桃花心木 *Swietenia humilis*

CITES 附录注释

无注释 所有标本类型均受管制

#2 所有部分和衍生物，但下列者除外：

a) 种子和花粉；

b) 包装好备零售的制成品。

#4 所有部分和衍生物，但下列者除外：

a) 种子（包括兰科植物的种荚），孢子和花粉（包括花粉块）。这项豁免不适用于从墨西哥出口的仙人掌科 Cactaceae 所有种的种子，以及从马达加斯加出口的马岛葵 *Beccariophoenix madagascariensis* 和三角槟榔（三角椰）*Dypsys decaryi* 的种子；

b) 离体培养的、置于固体或液体介质中、以无菌容器运输的幼苗或组织培养物；

c) 人工培植植物的切花；

d) 移植的或人工培植的香荚兰属 *Vanilla*（兰科 Orchidaceae）和仙人掌科 Cactaceae 植物的果实、部分及衍生物；

e) 移植的或人工培植的仙人掌属 *Opuntia* 仙人掌亚属 *Opuntia* 和大轮柱属 *Selenicereus*（仙人掌科 Cactaceae）植物的茎、花及部分和衍生物；

f) 好望角芦荟 *Aloe ferox* 和蜡大戟 *Euphorbia antisyphilitica* 包装好备零售的制成品。

#5 原木、锯材和饰面用单板。

#6 原木、锯材、饰面用单板和胶合板。

#7 原木、木片、粉末和提取物。

#10 原木、锯材和饰面用单板，包括未完工的用于制作弦乐器乐弓的木料。

#11 原木、锯材、饰面用单板、胶合板、粉末和提取物。成分中含有其提取物的制成品（包括香剂）不受本注释约束。

#14 所有部分和衍生物，但下列者除外：

a) 种子和花粉；

b) 离体培养的、置于固体或液体介质中、以无菌容器运输的幼苗或组织培养物；

c) 果实；

d) 叶；

e) 经提取后的沉香粉末，包括以这些粉末压制成的各种形状的产品；

f) 包装好备零售的制成品，但木片、珠、珠串和雕刻品仍受公约管制。

#15 所有部分和衍生物，但下列者除外：

a) 叶、花、花粉、果实和种子；

b) 含所列物种木材每次装运量最多 10 kg 的制成品；

c) 乐器成品、乐器零件成品和乐器附件成品；

d) 交趾黄檀 *Dalbergia cochinchinensis* 的部分和衍生物受注释 #4 约束；

e) 源于并出口自墨西哥的黄檀属所有种 *Dalbergia* spp. 的部分和衍生物受注释 #6 约束。

#17 原木、锯材、饰面用单板、胶合板和成型木。

参考文献

成俊卿，杨家驹，刘鹏 . 1992. 中国木材志 . 北京：中国林业出版社 .

姜笑梅，程业明，殷亚方，等 . 2010. 中国裸子植物木材志 . 北京：科学出版社 .

姜笑梅，张立非，刘鹏 . 1999. 拉丁美洲热带木材 . 北京：中国林业出版社 .

刘鹏，姜笑梅，张立非 . 1996. 非洲热带木材 . 北京：中国林业出版社 .

刘鹏，杨家驹，卢鸿俊 . 1993. 东南亚热带木材 . 北京：中国林业出版社 .

中华人民共和国濒危物种进出口管理办公室，濒危物种科学委员会 . 2019. 濒危野生动植物种国际贸易公约 .

中华人民共和国濒危物种进出口管理办公室，中国林业科学研究院木材工业研究所 . 2015. 常见贸易濒危与珍贵木材识别手册 . 北京：科学出版社 .